VERÖFFENTLICHUNGEN DER BUNDESANSTALT FÜR ALPINE LANDWIRTSCHAFT IN ADMONT

HEFT 6

BRUCKNER, A., Die natürliche und wirtschaftliche Differenzierung der Bergbetriebe / GRETSCHY, G., Die Sukzession der Bodentiere auf Fichtenschlägen / JÄHNL, G., Größere Kartoffel aus geschnittenem Saatgut? / JÄHNL, G., Über Schneiden und Vorkeimen von Saatkartoffeln / ZELLER, A., und GRETSCHY, G., Wirkstoffe als Wurzelausscheidungen von Kulturpflanzen. I. Testpflanzen / ZELLER, A., und FÖSSLEITNER-KARL, H., Virusnachweis durch Formoltitration? / OBRITZHAUSER, W., Leistungsprüfung in der Schweinezucht (eine Literaturübersicht) / ZELLER, A., Versuche über die Wirkung des Keimlingsdüngers „Porro"

Springer-Verlag Wien GmbH
1952

ISBN 978-3-211-80287-8   ISBN 978-3-7091-2313-3 (eBook)
DOI 10.1007/ 978-3-7091-2313-3

Inhaltsverzeichnis

Aus der Bundesanstalt für alpine Landwirtschaft
in Admont
(Leiter: Univ.Prof.Dr. A. Z e l l e r)

Die natürliche und wirtschaftliche Differenzierung der Bergbetriebe

Von A.Bruckner

Immer wieder spricht man von der Not der Gebirgsbauern, vom Rückgang der landwirtschaftlichen Nutzfläche, von verfallenen Höfen und all den bekannten Erscheinungen. Schon seit Jahrzehnten ist die Gebirgsbauernfrage ein brennendes Problem der Agrarpolitik; man fasst aber in der Regel alle Betriebe des Berglandes zusammen, bedauert ihr Los, ihre von Natur benachteiligten Lebensbedingungen und schlägt allgemein für den ganzen Gebirgsraum verschiedene Massnahmen vor wie: Grundzusammenlegungen und Entwässerungen, weitgehenden Maschineneinsatz, Stallverbesserungen und den Bau von Düngerstätten, Jauchegruben und Dienstbotenwohnungen, Weide-und Alpverbesserungen und vieles mehr.

Auch im Rahmen der kriegsmässigen Ernährungswirtschaft konnte man immer wieder beobachten, dass zwischen Tallage, Mittellage und Hanglage nur geringe Unterschiede gemacht wurden. Man schrieb ausgesprochenen Hangsiedlungen genau so vor, Getreide und Kartoffeln abzuliefern, wie begünstigten Talbetrieben, obwohl man doch schon wissen musste, dass diese Kulturen am Hang nur aus Selbstversorgungsgründen gebaut wurden. Oben wie unten galten Stückzahlen für Vieh, Liter für Milch und Kilogrammwerte für sonstige Erzeugnisse. Man überschätzt dabei die Lebendgewichte ebenso wie die Milchleistung je Stück Kuh und Jahr.

Schliesslich wird es geradezu als eine Selbstver-
ständlichkeit hingenommen, dass die Bauern der Hang-
und Höhenlage für ihre Produkte am Markt nur die gleichen Preise erhalten wie die Bauern der begünstigten
Talgebiete. Dies hat zur Folge, dass die Frei-Hof-Preise
der in den Hang-und Berglagen gewonnenen Erzeugnisse
bedeutend niedriger sind als die der Betriebe in Bahn-
und Marktnähe. Sind diese Produkte aber auch qualitativ
schlechter, so dass sich ein solcher Preisabschlag
rechtfertigen könnte ? Tatsache ist und das können wir
immer wieder belegen, dass die Produktionskosten am Hang,
am Berg und auf der Höhe ein Vielfaches dessen sind,mit
dem die Talbauern zu rechnen haben.

Es ist daher höchste Zeit, endlich Schluss zu
machen mit dem allgemeinen Begriff der Gebirgswirtschaft,
der alle Betriebe im Gebirgsraum umfasst und der ein aus-
gesprochen regionaler Begriff ist, mit dem wir als Be-
triebswirtschaftler und Agrarpolitiker nichts anfangen
können. Er sagt nur, dass diese und jene Betriebe im
Bereich des Gebirges liegen. Im Gebirge leben aber die
Talbauern wie die Höhenbauern, die Ebenbauern wie die
Hangbauern. Als Betriebswirte und als Verfechter eines
modernen Sozialstaates müssen wir daher eine Gliederung,
eine Unterteilung, oder wie wir im Titel der vorliegenden Erörterungen sagten, eine D i f f e r e n z i e r -
u n g der Betriebe nach ihrem natürlichen und wirtschaftlichen Standort vornehmen. Wir werden dabei erkennen, dass diese Differenzierung jener ebenbürtig ist,
die die Betriebslehre längst für das Flach-und Hügelland
aufgestellt hat.

Ich verkenne nicht die allgemeinen Schwierigkeiten in der Landwirtschaft, die durch den Mangel an Ar-
beitskräften, durch die Preisschere usw. gegeben sind;
aber sehen wir uns nur in den Tallagen und Mittellagen
um, dann werden wir oft erstaunt sein über die Instru-
ierung der Betriebe, über ihre Produktionskraft und über
den Lebensstandard ihrer Besitzer.

Man wird sich dann oft wundern, wieso überhaupt manche Leute über die Armut und das schwierige Dasein der Gebirgsbauern diskutieren können. Nur deshalb, weil man die Differenzierung nicht genug kennt, weil man allgemein noch nicht weiss, dass zwischen Talbauern und hochliegenden Hangbauern oder zwischen Hangfussbauern und fernliegenden Höhenbauern nach Art der natürlichen und wirtschaftlichen Bedingungen, nach Ertrag und Einkommensfähigkeit Gegensätze bestehen, die zumindest so gross sind, wie die im Bereich der verschiedenen Betriebstypen und -grössen des ebenen und dem Gebirge vorgelagerten Landes.

Solange man diese Differenzierung nicht zu erfassen vermag, wird es Missverständnisse und Versäumnisse geben; erstere daher, weil die guten Tallagen den Ruf nach Hilfe und Schutz diskreditieren, - letztere, weil eine allgemeine Hilfe nie ausreichen und immer zu spät kommen wird für jene, die sie wirklich nötig haben: für die Grenzbetriebe in den Hang-und Höhenlagen, die heute schon wieder wirtschaftlich ausserordentlich gefährdet sind und aus der Vorhut auszubrechen drohen.

I. Die natürliche Differenzierung

Der Boden, die Feinerde und damit auch die Bodennährstoffe wandern von oben nach unten. Die Folge davon sind seichtgründige, magere Hangböden und tiefgründige, fette Talböden. Und würde der Bergbauer nicht immer wieder mit allen möglichen Mitteln dieser Erscheinung entgegenwirken - ich verweise hier nur auf das mühsame Erdauffahren - so hätte er schon längst seinen Boden verloren. Trotzdem kann er aber nicht verhindern, dass seine Kulturarbeit wenigstens teilweise auch den Feldern der Bauern unterhalb seines Hofes zugute kommt.

Das Gelände zeigt innerhalb des Gebirgsraumes die verschiedensten Formen und Übergänge zwischen ebenen Tallandschaften und steilsten Felswänden. Schon auf kurzen Entfernungen kann man neben Höfen mit vorwiegend

ebenen Feldern, auch solche mit fast ausschliesslich
steilen Hängen antreffen. Für die Bewirtschaftung ist
diese Tatsache von entscheidender Bedeutung, wird doch
mit der Steilheit der Hänge ihre Bearbeitung bedeutend
erschwert. Aber auch die Hangrichtung hat auf die Pro-
duktion ganz wesentlichen Einfluss. Es ist nicht gleichgültig, ob es sich um einen Nord-, Süd-, Ost- oder Westhang handelt.

Während in der Ebene weithin das gleiche Klima
herrscht, sind im Gebirge gewaltige Unterschiede oft
auf engsten Raum vorhanden.

Die Temperatur fällt mit der Höhe. Die Wärmeab-
nahme beträgt im groben Durchschnitt einen halben Grad
auf loo m. Die Ausstrahlung erreicht besonders in kla-
ren Winternächten hohe Werte und bei Windstille bilden
sich oft Kaltluftseen, deren Ausmass von der Form und
Abgeschlossenheit des Talbeckens abhängig ist. Tiefge-
legene Felder sind daher frostgefährdet und zeigen
manchmal sogar ungünstigere Wärmeverhältnisse als etwas
höher gelegene Hänge. Der Winkel, unter dem die Sonnen-
strahlen einfallen, vergrössert sich auf Südhängen um den
Böschungswinkel, während er sich auf Nordhängen um denselben Wert verringert. Durch diesen Einfluss steigt auf
der Sonnseite die Siedlungsgrenze um mehrere hundert
Meter höher als auf der Schattseite.

Die Niederschlagsmenge, besonders der Schneefall,
steigt ebenfalls mit der Höhe. Die nördlichen Kalkalpen,
die Zentralalpen, wie die südlichen Kalkalpen und die
Beckenlandschaften zeigen jedoch überall sehr unterschiedliche Verhältnisse. Föhnbahnen, Windlagen und die
allgemeine Exposition bewirken Unterschiede auf engstem
Raum, die bei der Beurteilung fast für jeden Hof gesondert festgelegt werden müssten.

Die Vegetationsdauer ist abhängig von der Höhenlage, von der Exposition gegen die Sonneneinstrahlung,
von der Beschattung,der Höhe der Schneelage,den Wind-
verhältnissen und dem Föhneinfluss.Die Unterschiede sind
bedeutend. Zwei Höfe in gleicher Höhenlage, der eine am

Nordhang, der andere am Südhang zeigen Unterschiede in
der Vegetationszeit von 2 - 3 Monaten. Anbau-und Ernte-
zeit, Saatgut und Kulturartenverhältnis müssen sich dieser Gegebenheit anpassen. Auf der Sonnseite noch Winterweizen, auf der Schattseite im günstigsten Falle noch
frühreifer Winterroggen, dafür aber auf der Sonnseite in
Trockenjahren die Gefahr des Ausdorrens der Grasnarbe
und ein grosses Viehsterben, - auf der Schattseite dagegen noch gute Futterträge.

Wie bekannt sind die Hektarerträge von Boden und
Klima abhängig. Bei den grossen Differenzen dieser beiden Faktoren in einer und derselben Tallandschaft komme
ich z.B. im Donnersbachtal bei annähernd gleich intensiver Düngung und Bearbeitung bei Winterroggen zu folgenden Erträgen:

Im Tal (Seehöhe 69o m) unter dem Einfluss
des Kaltluftsees, der Nebelbildung und
des Bergschattens   14 - 16 q/ha

auf der Sonnseite in 8oo m Seehöhe   16 - 18 "

in looo m Seehöhe   14 - 16 "

und in 12oo m Seehöhe   1o - 14 "

Die höchsten Erträge liefern nicht die Talflä-
chen, sondern jene, die bereits über das Nebelmeer hi-
nausragen. Hernach fallen jedoch die Erträge stark mit
der Höhenlage. Bei der Kartoffel sind die Unterschiede
weniger ausgeprägt. Diese Frucht stammt aus dem Gebirge
und besitzt daher eine grössere Eignung für alpine Verhältnisse. Die Abnahme der Grünlanderträge mit der Höhe
zeigt sich deutlich in der Anzahl der möglichen Schnitte.
Zwei- bis dreimähdige Wiesen im Tal entsprechen einmäh-
digen Wiesen in 12 - 14oo m Seehöhe am Rand der Siedlungsgrenze. Dazwischen findet man alle Übergänge.

II. Die wirtschaftliche Differenzierung

1. Der arbeitstechnische Unterschied.

Es ist eine bekannte Tatsache, dass der Hang jeder Arbeit einen bedeutend grösseren Widerstand entgegensetzt als die Ebene. Neben den Arbeitsfunktionen erfordert schon das reine Sich-Fortbewegen grösste Anstrengungen. Wie im Juliheft 1948 der "Landtechnik" in einem Artikel der Arbeitsgemeinschaft "Bergbauerntechnik" des VTL auf Grund genauer Untersuchungen berechnet wird, muss der Hangbauer beim Pflügen auf einem Hang mit 48% Steigung in der gleichen Zeit das Vierfache der körperlichen Arbeit leisten, die dem Pflüger auf ebenem Land zufällt. Wenn dabei noch die Flächenleistung berücksichtigt wird, die je Stunde am Hang 1.8 Ar gegen 4.8 Ar in der Ebene beträgt, so bedeutet dies, dass der Arbeitsaufwand für diese Arbeit sogar 10.5 mal so gross ist wie in der Ebene. Ähnlich liegen die Verhältnisse bei allen übrigen Arbeiten. Der grösste Teil aller landwirtschaftlichen Maschinen kann nicht eingesetzt werden. Diese wichtigsten Behelfe,ohne die eine moderne Landwirtschaft überhaupt nicht denkbar ist, scheinen nur für kapitalskräftigere, von Natur aus begünstigte Landwirte gebaut zu sein, während der Hangbauer den Boden noch mit primitivsten Mitteln nach Grossväterart unter rücksichtslosem Einsatz seiner Arbeitskraft bewirtschaften muss.

2. Der arbeitswirtschaftliche Unterschied.

Während die weitgehenden Möglichkeiten des Maschineneinsatzes dem Talbetrieb eine gleichmässigere Verteilung der Arbeit über das Jahr gestatten, kann der Hangbauer nur durch Verlängerung der Arbeitszeit, besonders während der Erntemonate die Arbeitsspitzen überwinden. Reine Familienbetriebe sind dabei solchen mit Fremdarbeitern noch überlegen.

Auch der Arbeitsaufwand für die einzelnen Feld-
früchte ist sehr unterschiedlich. So konnte ich mit Hilfe
von Arbeitstagebüchern bei verschiedenem Bergbauern
loo - 2oo Handarbeitstage je Hektar Kartoffelland feststellen, gegen 5o Arbeitstage in der Ebene bei Maschineneinsatz. Der Hangbauer muss auf der gleichen Fläche
2 - 4 mal soviel Arbeitszeit aufwenden. Ähnlich sind die
Unterschiede bei Getreide. Am Hang bei Einrechnung der
Druscharbeit 6o - 8o Arbeitstage je ha, in der Ebene 2o,
die dazu noch entsprechend höhere Erträge ergeben. Dies
alles bewirkt, dass der Bauer Kartoffeln und Getreide
nur für die Eigenversorgung baut, denn unter diesen Produktionsbedingungen kann er bei gleichen Preisen einen
wirtschaftlichen Wettkampf mit dem Tal und dem Flachland
nicht wagen. Ebenso ergab sich am Grünland zwischen Tal
und Berg ein Verhältnis des Arbeitszeitaufwandes je Hektar von 1 : 1,5 bis 2. Aber auch dort nimmt der Ertrag
mit der Höhe oft mehr als um die Hälfte ab und somit erfordert auch der Zentner Heu am Bergbauernhof 3 - 4 mal soviel Arbeitszeitaufwand wie im Tal.

3. <u>Der ertragswirtschaftliche Unterschied.</u>

Mit der Abnahme des Naturalrohertrages sinkt auch
der Geldrohertrag. So ergab sich bei einem mehrjährigen
Buchführungsvergleich dreier Betriebe aus Donnersbach in
8oo, 11oo und 12oo m Seehöhe am Südhang ein Verhältnis
der Hektarroherträge von 1oo:48:42; eine deutliche Abnahme mit der Höhe und der Ungunst der natürlichen
Produktionsbedingungen. Ausserdem möge man bedenken,
dass infolge der ungünstigen Arbeitsbedingungen die Ein-
heit Geldrohertrag im Hangbetrieb ungleich mehr belastet
ist als im Talbetrieb. Die Folge davon ist, dass in den
Bergbetrieben von einem Reinertrag im üblichen Sinne
überhaupt nicht mehr gesprochen werden kann. Die Produktionskosten sind wesentlich höher als im Tal und in der
Ebene und es kann nur ein äusserst niedriges Einkommen
für den Bauern und seine Familie erzielt werden. Als Bei-

spiel möchte ich wiederum die Ergebnisse von Donnersbacher Buchführungsbetrieben aus den Jahren 1948 und 49 anführen, in denen ich ein durchschnittliches Jahreseinkommen je vollwertiger Familienarbeitskraft von 2000 bis höchstens 3000 S feststellen konnte. Es handelt sich dabei aber meist um kinderreiche Familien, in denen auf eine Arbeitskraft oft 3 und mehr Verbraucher entfallen. Dementsprechend niedrig müssen auch die Ausgaben für die persönlichen Bedürfnisse der Familie, für Kleidung, Schuhe, Rauchwaren, Gasthaus, Arzt und Medikamente sein. In den schon erwähnten Donnersbacher Betrieben konnte ich hiefür Jahresbeträge zwischen 60 und 220 S je Person und Jahr feststellen. Es scheint fast unmöglich, dass eine Person mit diesem Betrag das Auslangen finden kann, wenn man bedenkt, was ein Hemd, ein Paar Schuhe oder eine Arztvisite kosten.

4. <u>Der betriebswirtschaftliche Unterschied.</u>

Der Zwang zu weitgehender Selbstversorgung veranlasst den Berg-und entlegenen Höhenbauern in Ermangelung ebener Flächen noch Hänge mit 70% und mehr Steigung als Ackerland zu nutzen. Daher ist auch trotz der erschwerten Arbeitsbedingungen der Anteil des Ackerlandes an der landwirtschaftlichen Nutzfläche überraschend hoch. So konnte ich in den Buchführungsbetrieben von Donnersbach ohne Einrechnung der Hutungen und Almen einen durchschnittlichen Anteil von 13 Prozent Ackerland feststellen; in Pichl-Obersdorf dagegen, in verkehrsgünstigen Betrieben nur 6 Prozent.

Die Einrichtung von Mähweiden ist auf Steilhängen infolge des Erdabtretens und der typischen Stufenausbildung unmöglich. Die Weiden des Hangbauern sind extensive Hutungen und Almen. Der Talbauer hat aber schon längst Mähweiden als Grundlage einer intensiven Milchwirtschaft und nutzt die Almen nur mehr durch Jungvieh. Er hat auch den grossen Vorteil, dass ihm Milchablieferung möglich ist. Dagegen ist es eine bekannte Tatsache, dass die Milchleistung im Almbetrieb besonders

bei dem noch schlechten Zustand dieser Flächen niedrig
ist, ganz abgesehen davon, dass normalerweise infolge
der Entfernungen und des Fehlens von Wegen und Drahtseil-
bahnen gar nicht die Möglichkeit besteht, Milch abzu-
setzen.

Bei der Ackernutzung ist der Unterschied ebenfalls
ein bedeutender. Während der Hangbauer ständig bestrebt
ist, den Boden wenig zu lockern und die alte Grasnarbe
wenig zu zerstören, um ein Abschwemmen des Bodens nach
Möglichkeit hintanzuhalten, kann der Talbauer eine ge-
ordnete Fruchtfolge einhalten, das Unkraut intensiver
bekämpfen und er erzielt daher entsprechend höhere Erträge. Je steiler der Hang ist, desto kürzer muss die
Ackernutzungsperiode bemessen werden.

Was die Zugarbeit betrifft, ist der Ochse infolge
seines langsameren Ganges und seines ruhigeren Tempera-
mentes für Arbeiten am Steilhang besonders geeignet. Es
zeigt sich dies auch in der Zusammensetzung des Viehbestandes. Bei einem Vergleich von 2o Hangbetrieben aus
Donnersbach mit 2o Talbetrieben aus Gröbming konnte ich
folgende prozentuelle Anteile am Gesamtviehbestand
feststellen:

In Donnersbach . . . .   38% Kühe
                                   11% Ochsen

In Gröbming   . . . .   44% Kühe
                                    1% Ochsen.

Da der Hangbauer auch für den Nachwuchs seiner
Zugochsen sorgen muss, hat er normalerweise alle vier
Generationen von Ochsen im Stall, während der Talbauer
weibliche Zuchttiere nachziehen kann und für diese auch
ganz andere Preise erzielt, als der Hangbauer für seine
Ochsen, die doch meist nach einigen Jahren zum Fleisch-
hauer gehen. Es ist daher auch der Fleischpreis für unseren Hangbauern von grösserer Bedeutung als der Milch-
preis.

Was die Technisierung der Hangbetriebe anbelangt,

müssen wir bedenken, dass die Grenzen des Möglichen hier
sehr eng sind und dass noch manche Schwierigkeiten zu
überwinden sind.

Die Verwendung des Traktors beschränkt sich auf
das Tal. Der Motormäher hat ebenfalls den Steilhang noch
nicht erobert. Die Sämaschine kann die Handsaat nicht
ersetzen. Gülleanlage und Güllepumpe sind noch äusserst
wenig verbreitet. Die starken Pumpen und Motoren, welche zur Überwindung der grossen Höhenunterschiede notwendig wären, erschweren infolge der hohen Kosten einen
wirtschaftlichen Einsatz. Dagegen bietet der Seilzug
in technischer und auch wirtschaftlicher Hinsicht eine
Entlastung, welche nicht hoch genug einzuschätzen ist.
Hier, in Verbindung mit dem Bodenseil und dem Seilauf-
zug, wird auch die zukünftige Technisierung des Steil-
hanges ihren Ausgang nehmen müssen.

Die agrarpolitische Schlussfolgerung aus der Differenzierung der Bergbetriebe.

Dieser Differenzierung innerhalb des Berglandes
ist aber auch von Seite der Agrarpolitik her unbedingt
Rechnung zu tragen; gerade in einem armen Land, in dem
mit öffentlichen Mitteln sparsam umgegangen werden
muss, dürften Zuschüsse nur dort hinfliessen, wo sie
wirklich bestanderhaltende Aufgaben erfüllen, nicht
aber dorthin, wo bei günstigen Verhältnissen sich der
Anspruch nur aus dem Titel Gebirgswirtschaft herlei-
tet.

Ich könnte mir vorstellen, dass man die Bergbetriebe entsprechend ihrer natürlichen und wirtschaftlichen Lage in 4 - 5 Gruppen einteilt und für jede
einen entsprechenden Beihilfesatz festsetzt. Massgebend für die Bemessung müssten die Produktionskosten
sein, welche für jede Gruppe auf Grund von Buchführungsergebnissen oder aus allgemeinen Kalkulationen
feststellbar wären.

Für die ausgesprochenen Grenzbetriebe reduzieren sich diese Massnahmen auf ganz wenig Sparten:

Verbilligtes Saatgut für Grünlandneuansaat, für Getreide und Kartoffeln

verbilligter Handelsdünger

Beihilfen für Jauchegruben und Düngerstätten

Beihilfen für Alpverbesserungen, wobei ich eher an Verbesserungen der Alpflächen, der Düngung und der Weidewirtschaft denke, als an Beihilfen für Alpbauten. Ganz besonders wichtig sind aber:

Beihilfen für Bodenseilzüge, Seilaufzüge, Motore, Winden und entsprechende Zusatzgeräte.

Alle anderen Massnahmen sind sicher nicht von solch eminenter Bedeutung, so dass hier der Grundsatz der Konzentration der Mittel massgebend sein kann.

Wenn man die Subventionswirtschaft ablehnt, könnte man auch durch eine Neuordnung des Preisgefüges die gefährdeten Hang-und Höhenbetriebe schützen; es muss nicht nur e i n e n Preis für alle Höhenlagen und für alle natürlich verschiedenen Standorte und für alle Marktentfernungen geben. Die Preise können auch nach dem Grad der Benachteiligung der Betriebe durch Natur und Verkehrslage gestuft werden. Zum Beispiel besserer Preis für Almbutter etz.

Auch der Einfluss der Verkehrslage, besonders auf dem Betriebsmittelsektor, kann durch Rückvergütung der Rollkosten bei Kraftfutter, Kunstdünger und Baustoffen ausgeschaltet werden.

Es lohnt sich, die wirklich schutzbedürftigen Betriebe aus der Masse der Gebirgswirtschaften herauszuschälen; sie sind zumeist Grenzbetriebe, die dem Einfluss der natürlichen Kräfte und Einwirkungen am stärksten ausgesetzt sind, die aber die dahinterliegenden Höfe durch ihren eigenen Bestand schützen. So erfüllen diese

vorgeschobenen Grenzbetriebe Pionieraufgaben. Es sind
aber ausserdem zumeist Familienwirtschaften mit bestem
Menschenmaterial. Ihr Schutz hat daher auch hohen biologischen Wert.

Will man dieses Ziel erreichen, will man die
wirklich schutzbedürftigen Betriebe besonders fördern
und will man einen weiteren Rückzug des Bergbauerntums
verhindern, so ist eine Untergliederung uhd Untertei
lung sämtlicher bergbäuerlicher Betriebe nach dem Er-
schwerungsgrad der Bewirtschaftung und nach der Höhe
der Produktionskosten entsprechend ihrem natürlichen
und wirtschaftlichen Standort vorzunehmen. Es muss
jeder Hof nach diesem Gesichtspunkt beurteilt und in
eine entsprechende Gruppe eingereiht werden.

Die praktische Durchführung dieser Arbeiten
stösst jedoch auf wesentliche Schwierigkeiten, liegen
doch im Bergland allein rund 2oo.ooo Betriebe über 2 ha
und sind die Höfe doch oft weit voneinander entfernt.
Ausserdem kann die Beurteilung von Feldern nur während
der Vegetationszeit erfolgen. Eine wirklich genaue,
alles erfassende Einteilung wird sich daher bei begrenz-
ten finanziellen Mitteln immer nur auf einzelne Gebiete
erstrecken.

Um aber überhaupt in kurzer Zeit für das ganze
Bergland zu einem brauchbaren Ergebnis zu gelangen würde ich vorschlagen, doch mit Hilfe eines Fragebogens
etwa im Anschluss an eine allgemeine Betriebszählung
wenigstens einige der für die Beurteilung der Betriebe wichtigsten Merkmale zu erfassen und diese mittels
eines Punktesystems auszuwerten.

Die höchste, wenigstens theoretisch überhaupt er-
reichbare Punktezahl, welche einen Betrieb mit ungüns-
tigsten natürlichen und wirtschaftlichen Produktionsbedingungen zukommt, wäre zweckmässig mit loo zu bemessen, alle übrigen Betriebe könnten somit nach Prozenten unterteilt werden.

Folgende Fragen müssten nun beantwortet werden:

1. Welche Produktionsfaktoren sind besonders für die Beurteilung der natürlichen und wirtschaftlichen Ungunst eines Betriebes massgebend,

2. wie sollen diese eingeschätzt, gemessen oder festgestellt werden und

3. wie sollen die 100 Punkte aufgeteilt werden.

Zur ersten Frage, zur Frage nach den hauptsächlich massgebenden Produktionsfaktoren kann folgendes gesagt werden:

Die absolute H ö h e n l a g e eines Betriebes ist verhältnismässig genau erfassbar, sie soll auch in Verbindung mit anderen Erhebungen von jedem Hof bekannt sein, da sie Grundlage für viele Berechnungen und statistische Auswertungen sein kann. Für die Beurteilung der Ungunst eines Hofes ist sie aber wohl nicht von besonderer Bedeutung, da Nachteile, die sich aus der Höhenlage ergeben, auch im Klima und in der äusseren Verkehrslage zum Ausdruck kommen. Man denke an die niedere Temperatur, an die Verkürzung der Vegetationszeit, die Zunahme der Niederschläge etz. und an die Erschwerung der Zufahrt zu den Höfen. Das gleiche kann auch von der H a n g r i c h t u n g behauptet werden. Auch diese kommt im Faktor Klima zum Ausdruck, soll aber doch für die statistische Auswertung der Ergebnisse bekannt sein.

Die L a g e   d e s   G e l ä n d e s ist ein wesentlicher Punkt für die Beurteilung der Ungunst der natürlichen Lage eines Betriebes. Eine Bewertung kann am besten nach der Bearbeitbarkeit mit Maschinen, Geräten und Zugtieren erfolgen. Dies entspricht auch mehr den wirtschaftlichen Gesichtspunkten und eine solche Beurteilung kann von jedem praktischen Landwirt ohne Messgerät durchgeführt werden, während die Errechnung der mittleren Steigungsprozente erhebliche Arbeit und Schwierigkeiten verursachen würde. Um die Arbeit noch weiter zu vereinfachen, würde es vorerst genügen nur

v. genutzten Flächen abzüglich der Almen und
. einzuschätzen. Bei stark wechselnden Gelän-
nissen müsste jedoch der Betriebsdurchschnitt
werden.

s K l i m a und die B o d e n v e r h ä l t-
sind ebenfalls entscheidend für die Beurtei-
müssen in ihrem Einfluss auf die Bewirtschaf.
eschätzt werden. Es könnte dies auch wieder
iedene Art erfolgen. Um die Betriebsaufnahme
irtschaftlichen Verhältnissen möglichst an-
wäre es wohl am besten, das Klima und den
hl nach den Früchten, deren Anbau noch ver-
Ernten liefert als auch nach der Vielmähdig-
Wiesen zu bewerten.

e ä u s s e r e V e r k e h r s l a g e
f e s ist eine der wichtigsten Punkte für
eilung der w i r t s c h a f t l i c h e n
sbedingungen. Ihre Einschätzung muss Eht-
, Zustand der Wege und vorhandene Höhendif-
berücksichtigen. Beim Vorhandensein einer
bahnverbindung ist es angebracht, vom Hö-
ied einen Abstrich zu machen, ebenfalls
e Entfernungen auf einen schlechten Fahrweg
doppelt so gross eingeschätzt werden, wie
gut erhaltenen Güterweg. Auch die Stadtnähe
sichtigt werden.

F e l d e r l a g e muss ebenfalls bewer-
. Es sind die Entfernungen der Felder vom
Anzahl der Parzellen zu erfassen und nach
punktemässig einzuschätzen.

jedem Betrieb soll daher zusätzlich zu den
andenen Daten über Flächenausmass, Boden-
Viehstand noch Folgendes erhoben werden:

Die Geländeverhältnisse
Das Klima und die Bodenverhältnisse
Die äussere Verkehrslage
Die Felderlage.

Grundsätzlich muss anerkannt werden, dass bereits jeder einzelne dieser Punkte, vielleicht mit einer gewissen Einschränkung für die Felderlage, den Betrieb einer Landwirtschaft bis zur Unmöglichkeit erschweren kann. Es darf daher die Grenze über der bereits von einer Existenzgefährdung gesprochen werden muss, nicht zu hoch gegriffen werden.

Wie sind nun die 1oo Gesamterschwerungspunkte auf die obigen 4 Produktionsfaktoren aufzuteilen ?

Das Gelände, das Klima und der Boden und die äussere Verkehrslage müssen in ihrem Einfluss auf die Bewirtschaftung wohl als gleichwertig behandelt werden. Sie können daher mit je 3o Punkten bewertet werden, was zusammen bereits 9o Punkte ergibt. Für die Felderlage wären somit noch 1o Punkte übrig. Diese würden etwa einer 1o%igen Erhöhung der Produktionskosten durch grosse Streulage der Felder entsprechen, ein Wert, der auch in Veröffentlichungen von Schweizer Buchführungsergebnissen aus Betrieben mit verschiedenen Arrondierungsgraden enthalten ist.

Für die Betriebsaufnahme und für die Punktebewertung könnte der folgende Fragebogen verwendet werden. Er ist so einfach gestaltet, dass er sicher von jedem Zähler mit landwirtschaftlichen Erfahrungen und Ortskenntnissen weitgehend richtig ausgefüllt werden kann.

Es muss aber ausdrücklich betont werden, dass ein solcher Fragebogen nur eine Notlösung darstellt. Er ist auch bloss als Beispiel und als Diskussionsgrundlage gedacht und müsste erst praktisch erprobt werden. Nur durch eine Betriebsaufnahme von Hof zu Hof, durch geeignete Fachkräfte, sofern dies möglich sein sollte und durch Erfassung auch der sozialen Verhältnisse sowie des Lebensstandardes und des Einkommens könnte ein wirklich genaues und umfassendes Bild über die soziale und wirtschaftliche Lage erstellt werden.

F r a g e b o g e n

zur Feststellung einiger produktionserschwerender Umstände in der
Landwirtschaft

	ja- 1	nein- 1	Punktebewer- tung +)
I. Die Höhenlage des Betriebes:			
Die Höhe über dem Meeresspiegel beträgt:			
Unter 300 m			
3o1 bis 6oo m			
6o1 " 9oo "			
9o1 " 12oo "			
12o1 " 15oo "			
15o1 " 18oo "			
über 18oo m			
II. Die Geländelage			
a) Die vorherrschende Geländelage der land- wirtschaftlich genutzten Flächen kann be- zeichnet werden als:			
1. Ebene			0
Es sind nur sehr geringe Steigungen vorhanden und alle landw. Maschinen können verwendet werden.			
2. Hügelige und leichte Hanglage			4
Die Grundstücke sind mit dem Vierrad- traktor und dem Vierradwagen in jeder Richtung noch befahrbar. Es bestehen jedoch für den Traktor teilweise schon Schwierigkeiten			

	ja-1	nein-1	Punktebewertung +)

3. Mittlere Hanglage — **8**

Die Grundstücke sind mit schweren Zugpferden, jedoch nicht mehr mit dem Vierradtraktor befahrbar. Der Gespannmäher und der Motormäher können verwendet werden

4. Steile Hanglage — **15**

Die Grundstücke sind nur noch mit leichten Zugpferden und Ochsen befahrbar. Für den Transport auf den Feldern sind nur noch Zweiradkarren geeignet

5. Steilste Hanglage — **30**

Die Grundstücke sind mit Zugtieren nicht mehr befahrbar. Es ist die Grenze der möglichen Ackernutzung

b) Entsprechend der vorherrschenden Richtung der landwirtschaftlich genutzten Flächen, kann der Hang bezeichnet werden als:

Nordhang (Schattenseite)

Südhang (Sonnseite)

Osthang

Westhang

III. Das Klima und die Bodenverhältnisse

a) In normalen Jahren ist der Anbau folgender Früchte möglich und liefert verlässliche Ernten:

	ja-1	nein-1	Punktebewertung +)
A 1 Mais			
Körnermais			
Zuckerrübe			$A 1 + W 1 = 0$
Wintergerste			$\left.\begin{array}{l} A 1 + W 2 \\ A 2 + W 1 \end{array}\right\} = 4$
Winterweizen			
A 2 Winterroggen			$\left.\begin{array}{l} A 1 + W 3 \\ A 2 + W 2 \\ A 3 + W 1 \end{array}\right\} = 8$
A 3 Sommergerste			
Hafer			$\left.\begin{array}{l} A 2 + W 3 \\ A 3 + W 2 \end{array}\right\} = 15$
Kartoffel			$A 3 + W 3 = 3o$

b) Der Graswuchs auf den Wiesen gestattet folgende Nutzungen ohne wesentliche Kunstdüngerverwendung:

	ja-1	nein-1
W 1 3-maliges Mähen		
W 2 2-maliges Mähen		
W 3 1-maliges Mähen		

	ja=1	nein=1	Punktebewer-tung +)

IV. Die Verkehrslage des Hofes

a) Die Entfernungen (ein schlechter Fahrweg wird doppelt gerechnet).

Stadtrandentfernung unter 5 km oder Bahnhof und Lagerhaus nur bis 1 km entfernt			0
Bahnhof und Lagerhaus 1 bis 5 km entfernt			4
Bahnhof und Lagerhaus über 5 bis 15 km entfernt			8
Bahnhof und Lagerhaus über 15 km entfernt			15

b) Der Höhenunterschied zum nächsten Güter-
bahnhof (ein Seilbahnanschluss versetzt
den Betrieb in die nächst niedrigere
Höhengruppe)

Höhenunterschiede unter 5o m			0
" 51 bis 1oo m			1
" 1o1 bis 2oo m			2
" 2o1 bis 4oo m			4
" 4o1 bis 8oo m			8
" über 8oo m			15

V. <u>Die Felderlage der landwirtschaft-</u> <u>lich genutzten Fläche</u>	ja= 1	nein= 1	Punktebewer- tung +)
F 1 1 bis 3 Teilstücke			F 1 + L 2 = 0
F 2 4 " 1o Teilstücke			F 1 + L 2 F 2 + L 1 }= 1
F 3 über 1o Teilstücke			
L 1 Es liegt mehr als die Hälfte der landw. Nutzfläche weniger als 5oo m vom Hofe entfernt			F 1 + L 3 F 2 + L 2 }= 3 F 3 + L 1
L 2 Es liegt mehr als die Hälfte der landw. Nutzfläche unter 1ooo m aber über 5oo m vom Hofe entfernt			F 2 + L 3 F 3 + L 2 }= 5
L 3 Es liegt mehr als die Hälfte der landw. Nutzfläche über 1ooo m vom Hofe entfernt			F 3 + L 3 = 1o
G e s a m t e P u n k t e z a h l			

+) Nicht für den Zähler

Natürlich schliesst eine solche Betriebsaufnahme viele Mängel in sich und sie kann nicht den Anspruch auf Vollständigkeit erheben, jedoch könnten mit ihrer Hilfe wichtige agrarpolitische und volkswirtschaftliche Fragen weitgehend geklärt werden.

Ausser anderen mehr wissenschaftlichen Fragen könnte mit grosser Genauigkeit, aufgeteilt nach Ländern, Bezirken und Gemeinden festgestellt werden:

1. Die Anzahl der wirklichen Bergbauern
   und der wirklich existenzgefährdeten
   Betriebe.

2. Jene Gebiete, und Betriebe, welche besonders durch das Klima, durch das Gelände, durch die Verkehrslage oder durch
   die Felderlage benachteiligt erscheinen.

3. Das relative Ausmass der für jeden Betrieb
   oder für einzelne Betriebsgruppen erfor-
   derlichen Förderungsmassnahmen, welche
   eine grundlegende Besserung der derzeiti-
   gen Verhältnisse erhoffen liessen.

Auch eine Unterteilung der Betriebe in Gruppen
entsprechend ihrer Punktezahl wäre m"ŗlich. Dies würde
vor allem das Arbeiten damit wesentlich vereinfachen.
Ich würde hiefür etwa eine fünf Gruppen Einteilung
nach dem Prinzip der geometrischen Reihe vorschlagen:

Gruppe		Punktezahl
I	. . . .	1 - 1o
II	. . . .	11 - 16
III	. . . .	17 - 28
IV	. . . .	29 - 52
V	. . . .	53 -1oo

Diese Einteilung kann natürlich auch anders ge-
troffen werden. Sie kann den jeweiligen praktischen Anforderungen angepasst werden. Nach obiger Aufstellung
jedoch würde die Gruppe I dem günstig gelegenen Flach-
land-und Talbetrieb entsprechen und die Gruppe V würde
die ausgesprochenen Grenzbetriebe beinhalten.

Es kann nun eine Streitfrage sein, ob man bereits ab zweiter bis einschliesslich fünfter Gruppe
die Betriebe als Bergbauernbetriebe bezeichnen soll

oder erst ab dritter oder vierter Gruppe. Ich glaube aber
die Entscheidung dieser Frage ist weniger von Bedeutung,
wichtig ist, dass jeweils der höheren Gruppe mehr gehol-
fen werden soll, da sie auch die höheren Produktionskosten aufweist und mehr in ihrer Existenz gefährdet erscheint.
Ich bin daher der Ansicht, schon ab Gruppe zwei die Betriebe als Bergbauernbetriebe zu bezeichnen, denn es handelt sich bereits um Höfe, die durch die natürliche und
wirtschaftliche Ungunst irgendwie in ihrer Bewirtschaftung behindert werden. Es dürfen nur nicht alle Bergbauernbetriebe gleich behandelt werden.

Auf diese Weise könnten mit verhältnismässig geringen Mitteln, durch Erfassung und Bewertung einiger wich-
tiger Produktionsbedingungen wertvolle Grundlagen für die
Agrarpolitik zum Nutzen unserer Bergbauern geschaffen werden.

Z u s a m m e n f a s s u n g
=================================

1.) Die Landwirtschaft im Bergland hat von Hof zu Hof sehr
    unterschiedliche Produktionsbedingungen. Die Ursachen
    hiefür sind neben anderen der Boden, das Klima, die
    Hanglage, die Verkehrslage und die Felderlage.

2.) Entsprechend dieser Bedingungen ist die Bewirtschaftung
    der Höfe sehr verschieden schwierig und auch der Ertrag
    und die Produktionskosten sind ungleich hoch.

3.) Um einen weiteren Rückgang der Siedlung zu verhindern
    wird vorgeschlagen, die Höfe im Bergland mittels eines
    Punkteverfahrens nach dem Grad der vorhandenen produk-
    tionserschwerenden Umstände in Gruppen zu unterteilen
    und jede dieser Gruppe je nach den gegebenen Produk-
    tionserschwerungen verschieden stark zu fördern.

Literaturverzeichnis

Fahringer, F.,   "Das Bergbauernproblem und die Land-
                        technik".
                        Kärntner Bauer 98, 24, 419 - 421,1948

Krebs, N.,   "Die Ostalpen und das heutige Öster-
                        reich".
                        Stuttgart 1928

Löhr, L.,   "Betriebswirtschaftliche Probleme des
                        Bergbauerntums".
                        Forschungsdienst 1942

Löhr, L.,   "Die Egartwirtschaft im Rahmen des
                        Gesamtbetriebes".
                        Mitteilungen d.landw.Arbeitsgemein-
                        schaft an der Hochschule für Boden-
                        kultur in Wien, 1, 1950

Löhr, L.,   "Grundsätze für die zeitgemässe Ein-
                        richtung und Führung alpenländischer
                        Bauernbetriebe".
                        Absolventenverband Mittelkärnten 1951

Löhr, L.,   "Ausgewählte Fragen der alpenländi-
                        schen Bodennutzung".
                        Veröffentlichungen des Institutes f.
                        angewandte Pflanzensoziologie des
                        Landes Kärnten, III, 1951

Muigg, J.,   "Die Erhaltung der Bergbauernbevöl-
                        kerung".
                        Innsbruck 1949. (Referat auf der Gen.
                        Vers. d.Verb.d.europ.Landw.CEA,Inns-
                        bruck 29.9. bis 1.10.1949)

Schneiter, F.,   "Die Gebirgsbauernfrage".
                        Forschungsdienst 6, 5, 222-230,1938

Strobl, L.,   "Die Notlage der österr. Gebirgsbauern".
                     Ergebnisse der Rentabilitätserhebungen
                     der Buchstellen Österreichs. Wien 1928

Ulmer, F.,   "Die Bergbauernfrage".
                     Untersuchungen über das Massensterben
                     bergbäuerlicher Kleinbetriebe im alpen-
                     ländischen Realteilungsgebiet. Inns-
                     bruck 1942.

(Aus dem Zoologischen Institut der Universität Wien
und der
Bundesanstalt für alpine Landwirtschaft Admont)

Die Sukzession der Bodentiere auf Fichtenschlägen

Von Gerta Gretschy

Inhaltsübersicht

Einleitung

Ziel dieser von Herrn Prof. Dr.Wilhelm K ü h n e l t angeregten und geförderten Arbeit ist die Untersuchung der Fauna verschieden alter Fichtenwaldschläge. Es soll die mit dem Kahlschlag bezw. Windbruch einsetzende und mit dem allmählichen Wiederaufkommen des Waldes einhergehende Sukzession der Bodenfauna erfasst werden und mit den gleichzeitigen Veränderungen des Bodens, der Flora und der jeweiligen physikalischen Bedingungen in Beziehung gebracht werden. Die Arbeit stellt eine Ergänzung der Untersuchungen von L e i t i n g e r - M i k o l e t z k y dar, die im gleichen Gebiet die Sukzession der an der Bodenoberfläche in der Vegetationsschicht und an Baumstrünken lebenden Tiere in verschieden alten Fichtenwaldschlägen feststellte.

Die Untersuchungen wurden an verschieden alten Fichtenwaldschlägen und einem Fichtenwald am Nordhang des Scheiblingsteins im Lunzer Gebiet durchgeführt. Die Bearbeitung des Materials erfolgte zum Teil an der Biologischen Station Lunz, deren Leiter, Herrn Prof. Dr. F. R u t t n e r, ich an dieser Stelle noch für sein Entgegenkommen besonders danken möchte.

Methodik

Da vor allem die Bodentiere erfasst werden sollten wurden mechanische Sammelmethoden angewendet.Es wurden den einzelnen Bodenschichten Stechzylinderproben entnommen und zwar in allen Fällen je Probe 1ooo cm^3. In der Streuschicht wurden auch grössere Proben gesiebt.Die grösseren Tiere, wie Myriapoden, Lumbriciden,Käfer,Schnekken wurden sofort durch direktes Aussuchen, die kleineren Arthropoden durch Einhängen der Proben in modifizierte Berleseapparate gewonnen.

Zur Nomenklatur, derer ich mich bediente,sei folgendes gesagt: Die Schläge bezeichne ich mit S,ihrem Alter entsprechend den jüngsten mit S_1 und den ältesten mit S_6. Im A-Horizont des Bodens wurden drei Schichten unterschieden. Förna - St besteht hauptsächlich aus fast unzersetzter Nadelstreu sowie kleinen Ästchen und Zapfenresten von Fichten. Fermentationsschicht - F stark angegriffene Nadelreste, reichlich durchsetzt von mullartigen oder Mullaggregaten. Humusschicht - H-Schicht oder mullartige Schicht. Im vorliegenden Text und den Tabellen wurden für die drei Schichten des A-Horizontes nur die Bezeichnungen St, F und H verwendet, auch dort wo die bodenkundliche Beurteilung eine feinere Unterscheidung in der Terminologie ergibt. (Obere Schicht: St, A_{oo} oder A_1, Mittelschicht: F, AF oder A_2, untere Schicht: H, AH oder A_3, anschliessen kann sich A/B.)

Bei der jeweiligen Probenentnahme habe ich die Temperatur in den einzelnen Schichten und die jeweilige Lufttemperatur gemessen. Um genauere Werte zu bekommen, hatte ich immer drei Messungen angestellt, aus denen ich den Mittelwert errechnete. Bei Angaben der Bodentemperatur im Allgemeinen wurde der Mittelwert der für die drei Bodenschichten erhaltenen Temperaturen genommen.

Die Feuchtigkeit des Bodens und der Luft habe ich mit einem Haarhygrometer gemessen, wobei ich so verfuhr, dass ich das Instrument in den entsprechenden Horizont des Bodens wenige Minuten eingrub und nach Entfernung des Bodenmaterials rasch die Ablesung durchführte. Bei der Feuchtigkeitsmessung oberhalb des Bodens brachte ich das Instrument in 1 Meter Entfernung vom Boden an.

Die Bestimmung von Porenvolumen, Luftkapazität, Wasserkapazität und Frischwassergehalt erfolgte nach der Methode von S i e g r i s t. Sie wurden in der Zeit zwischen 2. und 1o. IX. durchgeführt. Bei der kurvenmässigen Darstellung der Ergebnisse dieser Bestimmungen wurden wieder die Mittelwerte der für die einzelnen Schichten des A-Horizontes erhaltenen Grössen verwendet.

Zur Feststellung der Vorzugstemperatur baute ich eine Temperaturorgel, auf der ich die jeweilige Temperatur mit Hilfe eines Thermoelementes feststellte, bei dessen

Herstellung mir Dr. S a u b e r e r (Leiter d.biokl.Abt. d.Zentr.Anst.f.Meteor.) behilflich war.

Das aufgesammelte Tier-und Pflanzenmaterial wurde teils Spezialisten zur Bestimmung oder Überprüfung übergeben.

Schnecken . . . . Prof.Dr.Wilhelm K ü h n e l t

Diplopoden
Chilopoden . . . . Kustos Dr.Karl A t t e m s

Lumbriciden
Enchytraen . . . . H. S c h w e i g e r
Coléopteren

Wurde in den Tabellen auch die Häufigkeit mitberücksichtigt so bedeuten: $/$ = 1 St., $+$ = 2-5 St., $\times$ = 5-10 St., $\asymp$ = 10-50 St., ∞ = > 50 St. Tiere (alles pro 1000 cm^3 Probe.)

Die Beurteilung des Bodens meines Untersuchungsgebietes führte Prof. K u b i ë n a in Admont an Hand von übersandten Proben durch. Ihm danke ich für seine überaus genauen Ausführungen herzlich.

Charakteristik des Sammelgebietes mit besonderer Berücksichtigung der Flora und des Bodens

Das Untersuchungsgebiet liegt am Nordhang des Scheiblingsteins, einem Massiv der nördlichen Kalkalpen und gehört der unteren Bergstufe (K ü h n e l t) an.Der Untergrund besteht aus Dachsteindolomit, der stellenweise in Dachsteinkalk übergeht. Die sechs Schläge sind mit Ausnahme von S_3 alle etwa in 900 m Höhe gelegen.

S_1 ist ein Schmalschlag, der 1946,im Jahr vor der Untersuchung, geschlägert wurde und östlich von einem Hochwald, westlich von einem Jungwald begrenzt wird. Teilweise liegen noch Baumstämme am Schlag und Reisig ist in mehreren Reihen längst des Schlages aufgeschich-

tet. Die Bodenschichtung ist deutlich und ziemlich regelmässig. Der Deckungsgrad der Krautschicht betrug etwa 20%
und stieg bis September zu etwa 3o % an. Ziemlich häufig
war A s p e r u l a   a d o r a t a   und   L a t h r a e a
s q u a m a r i a   vertreten, A d e n o s t y l e s   g l a-
b r a, U r t i c a   d i o i c a, etwas weniger häufig und
selten S e n e c i o   F u c h s i i, H e l l e b o r u s
n i g e r, A n e m o n e   n e m o r o s a, P a r i s   qua-
d r i f o l i a, O x a l i s   a c e t o s e l l a und Gräser (P o a   t r i v i a l i s, D a c t y l i s   g l o m e-
r a t a).

S$_2$ wurde 1944 geschlägert, ist also ein dreijähriger
Schlag und besitzt bereits einen 1oo % Deckungsgrad der
Krautschicht, der auch der junge Fichtennachwuchs von Tan-
nen und Lärchen untermischt angehört. Von der Fällung der
Bäume ist vielfach Reisig, Rinde und Holz liegen geblieben,
das sich im Moderzustand befindet und vielen Tieren als
Aufenthaltsort dient. Von der so reich entwickelten Krautschicht möchte ich hier nur die häufigsten Vertreter erwähnen: A d e n o s t y l e s   g l a b r a   überwuchert
stellenweise in grosser Ausdehnung den Schlag; U r t i c a
d i o i c a   ist an manchen Stellen recht häufig, ebenso
A t r o p a   b e l l a d o n n a. Ausserdem treten hier
die Gräser (P h l e u m   p r a t e n s e, D a c t y l i s
g l o m e r a t a, C a r e x   f l a c c a, P o a   t r i-
v i a l i s) in den Vordergrund. Weiterhin fallen auf:
E u p h o r b i a   c y p e r i s s i a,   F r a g a r i a
v i r i d i s meist in der Nähe von Baumstrünken, V a c c i-
n i u m   m y r t i l l u s, S a l v i a   g l u t i n o s a,
P o l y g o n a t u m   m u l t i f l o r u m, P h y t e u-
m a   c o m o s u m, H e l l e b o r u s   n i g e r, H y -
p e r i c u m   p e r f o r a t u m, E u p a t o r i u m
c a n n a b i n u m.

S$_4$ ist ein achtjähriger Schlag, der 1939 geschlägert
und zugleich aufgeforstet wurde. Die Fichten sind hier
reihenweise gesetzt, erreichen eine Höhe von etwa 1,5 - 2 m
und ihr Deckungsgrad beträgt etwa 5o %. Die Krautschicht
ist äusserst kräftig entwickelt und besitzt einen Deckungs-

grad von 9o %. Besonders auffällig ist einerseits das ungemein starke Hervortreten von V e r a t r u m   a l b u m,
E u p h o r b i a   a m y g d a l o i d e s   und andererseits die kräftig ausgebildete Moosdecke, die zum grössten
Teil aus M n i u m - Arten gebildet wird. Ferner möchte
ich hier zusätzlich zu den schon in S_3 als häufig erwähnten Pflanzen T r o l l i u s   e u r o p a e u s   und
G e n t i a n a   a s c l e p i a d e a   erwähnen.

S_5, ein dreizehnjähriger Schlag, der 1934 geschlägert wurde, weist einen bereits 4 - 5 m hohen Fichtenbestand auf, in dem die einzelnen Bäume ebenso wie in S_5
reihenweise gesetzt sind; ihr Deckungsgrad beträgt etwa
6o %. Zwischen den einzelnen Reihen ist die Krautschicht
ziemlich stark entwickelt. Vor allem möchte ich die Gräser wegen ihrer besonders starken Entwicklung hervorheben:
D a c t y l i s   g l o m e r a t a, P o a   t r i v i a -
l i s, D e s c h a m p s i a   c a e s p i t o s a. Sonst
sind noch A c o n i t u m   p a n i c u l a t u m, V e r a -
t r u m   a l b u m, V e r o n i c a   s c u t e l l a t a,
A j u g a   r e p t a n s, S e n e c i o   F u c h s i i
und H y p e r i c u m   p e r f o r a t u m   recht häufig.

S_6 ist ein 4o - 5o Jahre alter Fichtenbestand mit
einem 1oo % Deckungsgrad der Baumschicht. Die Kronen der
Bäume sind so dicht geschlossen, dass nur sehr wenig Licht
zum Boden einfallen kann. Es sind daher einerseits die unteren Äste der Fichten abgetrocknet und ausserdem kann man
kaum von einer Krautschicht sprechen; ihr Deckungsgrad
macht etwa 5 % aus. Es handelt sich hier um vereinzeltes
Auftreten von O x a l i s   a c e t o s e l l a, A n e m o -
n e   h e p a t i c a und einige C a r e x - Arten. Einen
weiteren Grund für die bloss 5 % des Deckungsgrades der
Krautschicht sehe ich in der ungünstigen Ausbildung des
Bodens, die durch die natürliche Traufe der Fichtenäste
hervorgerufen wird. Der Boden verdichtet sich dadurch und
die Bildung von Rohhumus und Trockentorf wird begünstigt.
Nur die Fichte verträgt diesen Boden verhältnismässig gut.

S_3 ist ein Windbruch, der ungefähr 15o m tiefer
liegt und als Untergrund eine Moräne hat. Ich wählte ihn,

um einen Vergleich mit einem fast gleich alten Schlag S_4
anstellen zu können. Er entstand 1941, etwa 6 Jahre vor
der Untersuchung. Der A-Horizont von S_3 ist im Vergleich
zu den anderen Schlägen viel seichter. Der Deckungsgrad
der Krautschicht betrug während der Sammelperiode im
Durchschnitt 8o %.Ich möchte die häufigsten Formen erwähnen: A d e n o s t y l e s g l a b r a, A t r o p a
b e l l a d o n n a, A c o n i t u m p a n i c u l a -
t u m, A q u i l e g i a v u l g a r i s, T h a l i c -
t r u m a q u i l e g i f o l i u m, S a l v i a g l u -
t i n o s a, D i g i t a l i s l u t e a, E u p h o r -
b i a c y p a r i s s i a, C h a e r o p h y l l u m
s i l v e s t r u m, V e r o n i c a s c u t e l l a t a,
H e l l e b o r u s n i g e r, F r a g a r i a v i r i -
d i s, A j u g a r e p t a n s. Gräser (D a c t y l i s
g l o m e r a t a, L u z u l a c a m p e s t r i s) treten verhältnismässig weniger stark hervor.

Bodencharakteristik

Die bodenkundliche Beurteilung, die nach Dünn-
schliffen und deren Betrachtung mit Lupe und im Auflicht
des ¨Bodenmikroskopes durchgeführt wurde, gibt Aufschluss
über die Bodenverhältnisse im Allgemeinen und über den
Boden als Lebensraum. Das Bodenprofil lässt das Entwicklungsstadium des Bodens und somit des Biotops erkennen;
die Bildung der Aggregate zeigt durch die Losung die Be-
völkerungsart und deren Häufigkeit in grossen Zügen auf.
Ich gebe nun eine Charakteristik der einzelnen Schläge
nach diesen Gesichtspunkten:

$$S_1$$

Der A-Horizont ist in A_{OO}, A_F und A_H -Horizont
aufzugliedern. A_{OO} besteht aus Fichtennadeln, Ästchen
und Zapfen, die teilweise von Tieren zerbissen und angegriffen sind. Der A_F Horizont zeichnet sich durch eine
geringe Mächtigkeit aus, er besteht aus angegriffener

Nadelstreu und koprogenen Anteilen. Die Nadelstreu weist
Fresspuren und Losung von **Oribatiden** auf. Die koprogenen
Bodenanteile bestehen aus kleinen zerbissenen Pflanzenresten, Mineralkörnern und Kleintierlosung (überwiegend
Collembolen und Milbenlosung, aber auch Diplopodenlosung).
Der A_H-Horizont gliedert sich in einem oberen und unteren
Abschnitt. Der obere Abschnitt reicht von 2-lo cm und **ist**
ein mullartiger Rendsinamoder. Die Aggregate bestehen entweder vorwiegend aus Diplopodenlosung, die von Mineralkörnern stark durchsetzt ist, oder sie setzen sich aus Resten
kleiner Milbenlosung und mehr oder weniger stark humifi-
zierten Pflanzenresten zusammen; im letzten Fall stellen
sie ein lockeres Gefüge dar, dessen Hohlräume leicht ver-
pilzen. Der untere Abschnitt leitet zum A/B Horizont, wie
er in S_5 und S_6 von 15 - 3o cm ausgebildet ist, über.
Gut humifizierte, mineralreiche, dichtgefügte Aggregate
überwiegen, aber noch zeigt dieser Horizont das typische
Bild eines mullartigen Moders. Der C-Horizont lässt einen C_1 Horizont, der aus angewitterten Gesteinstrümmern
besteht und einen C_2 Horizont, der vom anstehenden frisch-
en Dolomit gebildet wird, erkennen; seine Ausbildung ist
selbstverständlich bei allen Schlägen dieselbe.

$$S_4$$

Da in diesem 8-jährigen Fichtenbestand die Krautschicht einen 9o % Deckungsgrad aufweist und eine gut ausgebildete Moosdecke vorhanden ist, weist das Profil keine
Förna und keinen F-Horizont auf. Der A-Horizont liegt direkt dem C-Horizont auf. Der A-Horizont gliedert sich in
einen A_1, A_2, A_3 - Horizont. A_1 ist stark durchwurzelt
und zum Teil von unzersetzten Pflanzenresten durchsetzt.
Die Zwischenräume zwischen den Pflanzenresten und Wurzeln
sind von Aggregaten erfüllt. Die Aggregate sind von unre-
gelmässig rundlicher Form und haben eine durchschnittliche
Grösse von 2 - 3 mm. Sie setzen sich zusammen aus Regenwurmlosung oder Resten von solcher, Kleintierlosungsstük-
ken und tiefgebräunten Pflanzensplittern. Kleinlosung findet sich auch reichlich an unzersetzten Pflanzenresten und

und an Pilzmyzelien, ähnlich wie in S_1 und S_6. Die Losung
stammt grösstenteils von Diplopoden und Collembolen.In A_2
 treten die Pflanzenreste stark zurück, die Aggregate werden grösser und fester und die Verpilzung nimmt stark ab.
Die Aggregate setzen sich aus Regenwurmlosung zusammen,
weisen einen starken Mineralgehalt auf und haben im In-
nern oft tiefgebräunte Pflanzensplitter, wodurch die Roh-
humusbildung entsteht. In A_3 nimmt der Gehalt an Gesteins-
bruchstücken stark zu, die Aggregate und Bruchstücke sind
um vieles dichter gefügt als in A_2, aber trotzdem ist die
Humusbildung verhältnismässig roh.

$$S_5$$

In S_5 fehlt wie in S_4 der A_{00} und A_F Horizont; es
ist ein A_1 und A_2 Horizont ausgebildet, der einem A/B Horizont aufliegt und damit zum Normalprofil von S_6 überleitet. Der A-Horizont, der von 0 - 15 cm Tiefe reicht,
weist eine ähnliche Bildung wie in S_4 auf, nur ist er in
seinem unteren Teil zu einer festen kompakten Masse zu-
sammengeballt, sodass die Aggregate die Kleinlosungsfor-
men nicht mehr erkennen lassen. Der A/B Horizont reicht
von 15 - 2o cm Tiefe. Der Mineralgehalt tritt in den Vordergrund in Form zahlreicher Dolomittrümmerchen, sowie
feiner Kalkausscheidungen und toniger Gemengteile. Die
Bodenmasse setzt sich aus einem Mosaik von eng aneinander
gepressten teils humusreichen, teils humusärmeren bräun-
lichen Aggregaten zusammen, die aus Regenwurmlosung bestehen. Die mineralische Grundsubstanz ist leicht ge-
bräunt, woraus sich ergibt, dass die Bodenbildung bereits
einen Übergang zur braunen Rendsina darstellt. Auch die
Humusform ist als eine Übergangsbildung zwischen mullar-
tigem Moder und Mull anzusprechen.

$$S_6$$

S_6 weist das Normalprofil einer braunen Mullrend-
sina auf Dolomit unter einem dichten 4o - 5o jährigen

Fichtenbestand auf. Der A-Horizont besteht aus A_{oo} (Förna),
F-und H-Horizont, daran schliesst sich der A/B Horizont,der
dem C-Horizont aufgelagert ist. Die Förna besteht hauptsächlich aus unzersetzter Nadelstreu sowie kleinen Ästchen und
Zapfenresten von Fichten. Der F-Horizont ist 1,5 - 3o cm
tief. Die Pflanzenreste sind mehr oder minder gut erhalten,
an Nadel-und Wurzelresten ist Collembolen und Milbenlosung
gehäuft zu finden; an einzelnen Stellen Diplopodenlosung und
nur selten Losungsstücke von Regenwürmern. Die Verpilzung
ist für diesen Horizont besonders charakteristisch. Die Humifizierung und Mischung mit der Mineralsubstanz ist eine
ziemlich weitgehende, doch kann der entstandene Humus noch
nicht als echte Mullbildung bezeichnet werden. Der H-Horizont reicht etwa bis 2o cm. Er enthält wenig zersetzte
Pflanzenreste, die stark von koprogener Substanz überkru-
stet und von Pilzmyzel überdeckt sind. Die Aggregate bestehen aus Kleinlosung meist von Diplopoden, selten von Lumbriciden und Dolomitkörnchen; sie sind entweder locker und
humusreich oder dichtgefügt und mineralreich. Die Humusbildung ist dem Mull bereits sehr nahestehend. Der A/B Horizont
ist stark von Dolomittrümmerchen durchsetzt. Die Aggregate
lassen Lumbricidenlosung deutlich erkennen. Unter den Aggregaten heben sich dunkle, schwärzlich-graugefärbte, humusrei-
che und braunocker gefärbte mineralreiche, humusarme deutlich voneinander ab. Da der Humus in den mineralreichen
Aggregaten stark dispergiert, tritt er sozusagen als Farb-
stoff in der Tonsubstanz auf, wodurch die Humusbildung in
diesen Aggregaten den Charakter eines Mull erhält. In den
humusreichen Aggregaten ist diese Umbildung zu Mull bereits
eingetreten. Dieser Horizont stellt somit eine braune Rendsina mit verhältnismässig guter Mullbildung dar.

$$S_3$$

Das Bodenprofil des Windbruches entspricht dem von S_4.Der
A_1-Horizont stellt einen dichten Filz zusammengesunkener
Wurzelreste dar, die spärlich mit Bodenaggregaten ausgefüllt
sind. In A_2 lassen die Aggregate teils Lumbriciden-und Kleinlosung erkennen. Der Boden ist als eine mullartige Rendsina

zu bezeichnen.

Das Ergebnis dieser Untersuchung ist folgendes:
1. Es besteht eine Sukzession des Bodens, die ihren
Endzustand im Altbestand erreicht; 2. Die Schläge sind
ihrem Bodenprofil entsprechend in 2 Gruppen einzuteilen: Die 1a Gruppe wird von den Schlägen mittleren Alters gebildet, die einen A_1, A_2, (A_3) Horizont aufweisen, der direkt dem C-Horizont aufgelagert ist. Die 1b
Gruppe stellt das Profil von S_5 dar mit der Ausbildung
von A_1, A_2, und A/B Horizont und beweist damit die allmähliche Entwicklung des Bodens. Die 2. Gruppe bilden
der Altbestand und der Kahlschlag mit dem Normalprofil
einer braunen Rendsina.

Bodenfauna der Waldschläge und ihre räumliche und zeit-
liche Verteilung

Organismen, die dauernd im Boden leben oder einen bestimmten Entwicklungsabschnitt ihres Lebens wie
Larven oder Ruhestadien darin zubringen, stellen die
Bodenfauna dar. Sie bilden Biocönosen, deren einzelne
Gruppen sich in einer aufeinander abgestimmten Ordnung
befinden. Diese Ordnung wird durch eine Waldschlägerung
oder einen Windbruch gestört, wie die Untersuchungen
zeigen, bezw. es wird das zahlenmässige Verhalten der
Tiergruppen zueinander oft stark verschoben. Das individuenreiche Auftreten der einzelnen Tiergruppen, sowie
das Vorhandensein bestimmter Arten und Gruppen ist von
dem Zusammenwirken der physiographischen Faktoren abhängig. Die bodenökologische Bedeutung der Bodenfauna
ist gruppenmässig verschieden; sie kann in der Anteil-
nahme an der Humifizierung organischer Abfallstoffe
bestehen, in einer Bodendurchmischung und Bodenauf-
lockerung.

Enchytraeidae

Enchytraeen sind typische Bodenbewohner, deren ganzes Leben an den Boden gebunden ist.

Für das Vorkommen der Enchytraeen ist ein humusreicher, feuchter Boden notwendig. Ich konnte sie in allen sechs Waldschlägen feststellen, mit besonderer Häufigkeit aber in den jüngeren Schlägen, die den grösseren Deckungsgrad der Krautschicht aufweisen und daher einen konstanteren Feuchtigkeitsgehalt des Bodens garantieren. Von den 13 determinierten Arten wurden nahezu alle im gesamten A-Horizont gefunden, wobei aber ihre grösste Häufigkeit in mittlerer Tiefe dieses Horizontes festgestellt werden konnte.

Hinsichtlich ihres jahreszeitlichen Auftretens ist ihr qualitatives und quantitatives Maximum im Mai gelegen (siehe Tabelle). Während der heissen und trockenen Sommermonate ist ein Absinken der Häufigkeit zu beobachten und im August wird ihr Minimum erreicht; in diesem Monat konnte ich bloss in dem relativ feuchtesten Schlag S_4 vier Exemplare von F r i d e r i c e a   b u l b o s a finden. Dieses Minimum schreibe ich der relativ hohen Temperatur zu, die die Tiere zum Absterben bringt.Nach Beobachtungen D i e m s werden die Eier in Kokons abgelegt, die gegen schädliche äussere Einflüsse widerstandsfähiger sind. Im September und Oktober ist ein deutlicher Anstieg sowohl der Individuenzahlen als auch der Artenzahlen festzustellen, der aber das Maximum vom Mai nicht mehr erreicht.Eine Sonderstellung nimmt M e s e n c h y t r a e u s b e u m e r i dadurch ein, dass er einen zahlenmässigen Anstieg von Mai bis Juli aufweist und einen Abfall von September bis Oktober. In Bezug auf das jahreszeitliche Auftreten sind die Enchytraeen eine einheitliche Tiergruppe, da alle ihre Vertreter zu annähernd gleicher Zeit vorhanden sind, bezw. fehlen.

Ihre allgemeine Bedeutung für den Boden liegt in der bodendurchmischenden Tätigkeit und in der Fähigkeit, Humus zu produzieren.

Tabelle 1

Monat der Probenentnahme	V						VII						VIII						IX						X					
Probenstelle	S_1	S_2	S_3	S_4	S_5	S_6	S_1	S_2	S_3	S_4	S_5	S_6	S_1	S_2	S_3	S_4	S_5	S_6	S_1	S_2	S_3	S_4	S_5	S_6	S_1	S_2	S_3	S_4	S_5	S_6
Henlea ventriculosa		/																									+			
Meserchytraeus beumeri	/	+				*	*												*								+			
Mesenchytraeus setosus	+	x																										+		
Enchytraeus albidus	x	*		/		+		+											/				/		+	x				
Enchytraeus pellucidus							x																							
Enchytraeus Buchholzi					+														+											
Enchytraeus (juv.)	*				+	/	+												*							+				/
Fridericia bisetosa			x		x															/							*			
Fridericia bulbosa																	+													
Buchholzia fallax							x		+																					

(Signaturenerklärung Seite 28)

Lumbriciden

In meinem Sammelgebiet konnte ich 8 Arten feststellen, die keine besondere Spezialisation auf einen
bestimmten Schlag erkennen lassen. Die grösste Indivi-
duen-und Artenzahl fand ich in den Schlägen mittleren
Alters, während Kahlschlag und Altbestand nahezu gleiches Verhalten aufweisen. Alle Arten wurden in mittlerer Tiefe des A-Horizontes gefunden und manche von
ihnen auch nur wenig unter seiner Oberfläche wie
A l l o l o b o p h o r a c a l i g i n o s a, D e n-
d r o b a e n a o c t a e d r a und junge Lumbricius
arten. Der bevorzugte Aufenthalt der Tiere in mittlerer Tiefe des A-Horizontes und in S_2, S_3, S_4, S_5 scheint
mir nahrungs-und feuchtigkeitsbedingt zu sein. Nahrungsbedingt ist die Verteilung der Lumbriciden deshalb,weil
die Tiere grösstenteils von pflanzlichem Bestandsabfall
leben. Man konnte aber feststellen, dass verschiedene
Arten eine Auswahl der Nahrung treffen. Z.B. skellet-
tiert L u m b r i c u s r u b e l l u s Laubblätter
völlig, während er Nadelstreu erst nach einer entsprechenden Verrottung annimmt. Auch richtiger Bodenhumus
dient einigen Arten als Nahrung wie z.B. A l l o l o-
b o p h o r a c a l i g i n o s a.

Alle Arten wurden von Mai bis Oktober zu einem
Grossteil in mittlerer Tiefe des A-Horizontes gefunden
und während der heissen und trockensten Monate war keine Art in S_1 und in der obersten Bodenschicht anzu-
treffen. Dieses Verhalten dürfte feuchtigkeitsbedingt
sein.

Lumbriciden stellen eine charakteristische Gruppe der Bodenfauna dar, deren wertvolle Tätigkeit in der
Bodendurchmischung und in der Humusbereitung besteht.

Gastropoda

An G a s t r o p o d e n konnten 25 Arten festgestellt werden, die z.T. eine Ergänzung zu den Ausbeu-

T a b e l l e 2

Schlag / Schichten des A-Horizontes	S1 St	S1 F	S1 H	S2 St	S2 F	S2 H	S3 St	S3 F	S3 H	S4 St	S4 F	S4 H	S5 St	S5 F	S5 H	S6 St	S6 F	S6 H
Hyalinia nitidula	*			×	+		+			∞	×		×	+		+		
Goniodiscus rotundatus	/			*	/		*	×		*		×	*			/		
Vitrea subrimata	×			*	/		*	+	+	*		/	∞	×				
Hyalinia pura	×	/		*		/	*	+	/	*			*					
Fruticicula unidentata	+	/		*	/		*	*	×	∞	×		*					
Clausilia interrupta	+			*	/		*	+	+	*			+					
Arianta arbustorum	+			+			/			×			+					
Monacha umbrosa	/					/	∞			+			+					
Zonites verticillus		/		+			+						+					
Isognomostoma isognomostoma	/						/									+		
Helix pomatia				+			+			+			+					
Ena montana				+	/					+			+			×		
Carychium tridentatum				+			×						*			/		
Acanthinula aculeata				/						+								
Cochlicopa lubrica							/			*	/		/					
Monacha incarnata							/			+								
Clausilia plicatula							+			+								
Clausilia laminata							/			/								
Euconulus fulvus										×			+					
Vitrina sp.										+			/					
Acme sublineata										/								
Vitrea crystallina										/								
Hyalinia nitens									/									
Pyramidula rupestris															/			
Orcula dolium																+		

ten von L e i t i n g e r - M i k o l e t z k y dar-
stellen.

Die Gastropoden meines Sammelgebietes sind,wie
aus der Tabelle ersichtlich ist, in zwei wesentliche
Gruppen zu teilen. Der ersten Gruppe gehören Tiere an,
die mit grösster Häufigkeit in allen Schlägen oder nur
nicht in S_6 auftreten; also Arten, die sich nicht durch
Spezialisation auf bestimmte Nahrungs-und Aufenthalts-
orte auszeichnen, sondern nur gewisse Feuchtigkeitsan-
sprüche haben und vielleicht soweit Spezialisten sind,
als sie Nadelstreu meiden und daher in S_6 fehlen.In S_1
sind sie wohl alle vertreten, doch mit wesentlich geringerer Häufigkeit gegenüber den Schlägen mittleren
Alters, deren hoher Deckungsgrad der Krautschicht die
entsprechende Feuchtigkeit der bodennahen Luftschicht
und auch der Bodenschichten sichert. Gebildet wird diese Gruppe, von der ich bloss die häufigsten Arten erwähnen möchte von H y a l i n i a   n i t i d u l a , H y a -
l i n i a   p u r e a , G o n i o d i s c u s   r o t u n -
d a t u s , V i t r e a   s u b r i m a t a , F r u t i c i -
c o l a   u n i d e n t a t a , A r i a n t a   a r b u -
s t o r u m .

F r u t i c i c u l a   u n i d e n t a t a   ist
nach meinem Sammelergebnis die häufigste Art in dem relativ feuchtesten Schlag S_4. Es ist eine Art, die nicht
bloss an Pflanzen und an der Bodenoberfläche vorkommt,
sondern sehr zahlreich auch in tieferen Schichten zu finden ist. Zur zweiten Gruppe leitet H e l i x   p o m a -
t i a , eine Form, die freies, offenes Gelände bevorzugt,
über. Hieher gehören Arten, die eine besondere Spezialisierung auf einzelne Schläge erkennen lassen. S_4 und S_5
verfügen über den grössten Arten-und Individuenreichtum,
was auf die für Schnecken günstigeren Lebensbedingungen
in diesen Schlägen schliessen lässt. Nur zwei Arten,
E n a   m o n t a n a und C a r y c h i u m   t r i d e n -
t a t u m   sind in den Schlägen S_2, S_3, S_4, S_5 und S_6
recht regelmässig vertreten, während die übrigen Arten
eine stets deutlicher werdende Beschränkung auf die Schläge mittleren Alters erkennen lassen.

Myriapoda

Wie bei der Gruppe der G a s t r o p o d a stellt auch bei den M y r i a p o d a mein Sammelergebnis eine Ergänzung zur Arbeit von L e i t i n g e r - M i k o l e t z k y dar. Zu den 19 Arten, die sie fand, konnte ich durch die Siebetechnik, die ich anwandte, weitere 12 Arten für das gleiche Gebiet feststellen.

Die von L e i t i n g e r - M i k o l e t z k y gefundenen Myriapoden leben mit nur wenigen Ausnahmen in Strünken bezw. unter Rinde, die am Boden liegt, wie es in S_1 der Fall ist. Es sind demnach Tiere, die für die Holzzersetzung Bedeutung haben können, wie z.B. die Diplopoden. Sie unterscheiden sich aber untereinander in der Weise, dass einige von ihnen auf frische, andere auf morsche Strünke spezialisiert sind. Dieselbe Verteilung ist auch bei den Chilopoden festzustellen, aber dort keineswegs nahrungsbedingt, da alle Vertreter Fleischfresser sind. Arten wie C r y p t o p s   p a r i s i, S c o l i o p l a - n e s   c r a s s i p e s, L i t h o b i u s   a e r u g i - n o s u s, konnte ich auch in meinem Sammelmaterial finden, doch sind diese Tiere über die Schläge regelmässig verteilt und alle auf die oberste Bodenschichte beschränkt. Möglicherweise bietet sie den Tieren ähnliche Verhältnisse wie sie sie in Strünken finden. Ein etwas anderes Verhalten als L e i t i n g e r - M i k o l e t z k y konnte ich bei den Diplopodenarten, H a p l o g l o m e r i s   m u l t i s t r i a t a, C y l i n d r o i u l u s   m e i - n e r t i und P o l y d e s m u s   d e n t i c u l a t u s feststellen. Sie sind auf die Schläge S_2, S_4 und S_5 beschränkt, also jene Schläge, die den grössten Deckungsgrad der Krautschichte aufweisen und somit eine gewisse konstante Bodenfeuchtigkeit und genügend Nahrung bieten; diese Arten ernähren sich nämlich zur Hauptsache von humösen Pflanzenmaterial.O r o b a i n o s o m a   f l a v e s - c e n s konnte ich nur in S_3 finden, sie scheint daher eine mehr Wärme und Trockenheit liebende Form zu sein. Zahlenmässig am stärksten vertretene Arten wie L e p t o-

T a b e l l e 3

Myriapodenverteilung auf die Schläge	S_1	S_2	S_3	S_4	S_5	S_6
Scolioplanes acuminatus	/	+		+	+	+
Scolioplanes crassipes	+	+		x	+	/
Cryptops parisi	/	/	/	+	+	+
Geophilus insculptus	+	/	+	x	x	x
Lithobius aeruginosus	*	+	/	x	*	/
Leptophyllum pallidum	x	*	*	∞	∞	*
Leptophyllum nanum	∞	*	∞	∞	∞	*
Scutigerella immaculata	/		/		x	
Haploglomeris multistriata	/	x		*	x	
Brachyschendyla montana	/	+		/		
Lithobius sp. juv.		/			/	x
Garvaisia noduligera		*	+	*	x	/
Trachysoma capita		/	+	x		
Cylindroiulus meinerti		/		+	/	
Polyd... us denticulatus		/			+	
Orobainosoma flavescens			/			

T a b e l l e 4

Myriapodenverteilung auf die Bodenschichten	St	F	H
Polydesmus denticulatus	+		
Cylindroiulus meinerti	+		
Orobainosoma flavescens	x		
Lithobius spez. juv.	x	/	
Cryptops parisi	x	+	
Scolioplanes acuminatus	*	/	
Gervaisia noduligera	*	x	
Lithobius aeruginosus	*	x	
Brachyschendyla montana	/	+	
Scutigerella immaculata		x	
Haploglomeris multistriata	*		/
Scolioplanes crassipes	*	/	/
Leptophyllum pelidnum	∞	∞	x
Leptophyllum nanum	∞	∞	*
Geophilus insculptus	*	x	*
Trachysoma capita	/	+	+

p h y l l u m   n a n u m und L e p t o p h y l l u m
p e l i d n u m zeigen einen quantitativen Abfall in
S_6 und S_1. G e r v a i s i a   n o d u l i g e r a ,
T r a c h y s o m a   c a p i t a , C y l i n d r o i u -
l u s   m e i n e r t i , P o l y d e s m u s   d e n t i -
c u l a t u s und O r o b a i n o s o m a   f l a v e s -
c e n s fehlen überhaupt in diesen beiden Schlägen. Die
Verteilung der Chilopoda über die einzelnen Schläge ist
sonst ziemlich gleichmässig.

Das Verteilungsverhältnis in den 3 Schichten des
A-Horizontes zeigt die Tabelle 4. Alle Arten mit Ausnahme von S c u t i g e r e l l a   i m m a c u l a t a sind
in St vertreten. Sie weisen auch in dieser Schicht ihre
grösste Häufigkeit auf, ausgenommen B r a c h y s c h e n-
d y l e   m o n t a n a und T r a c h y s o m a   c a p i-
t a, die vorwiegend in F auftreten. P o l y d e s m u s
d e n t i c u l a t u s, C y l i n d r o i u l u s   m e i-
n e r t i und O r o b a i n o s o m a f l a v e s c e n s
sind in ihrem Vorkommen nur auf St beschränkt. Die übrigen Arten sind, wie aus der Tabelle ersichtlich ist, mit
etwas geringerer Häufigkeit in F vertreten. S c u t i -
g e r e l l a   i m m a c u l a t a   konnte ich nur in F
finden. Bloss 6 Spezies dringen bis in den H-Horizont vor;
und zwar sind die häufigsten Arten L e p t o p h y l l u m
n a n u m, L e p t o p h y l l u m   p e l i d n u m   und
T r a c h y s o m a   c a p i t a; letztere scheint ein
Tier grösserer Tiefen zu sein.

Hinsichtlich der jahreszeitlichen Verteilung sind
die Myriapoden in 5 Gruppen einzuteilen, die aber nicht
scharf getrennt sind.

1. Arten, die nur im Frühling auftreten, z.B.
   T r a c h y s o m a   c a p i t a.

2. Arten, die im Frühling und Herbst leben und
   während der Sommermonate fehlen, z.B. B r a-
   c h y s c h e n d y l a   m o n t a n a,
   S c o l i o p l a n e s   a c u m i n a t u s.

<u>T a b e l l e 5</u>

Jahreszeitliches Auftreten der Myriapoden	V	VII	VIII	IX	X
Trachysoma capita	✻				
Lithobius sp.juv.	+			x	
Brachyschendyla montana	+				+
Scolioplanes acuminatus	x			x	I
Cryptops parisi	+	+		I	I
Orobainosoma flavescens		I			I
Scolioplanes crassipes		+	+	+	+
Scutigerella immaculata		+	I		+
Haploglomeris multistriata		x	x	x	✻
Gervaisia noduligera		x	x	✻	x
Cylindroiulus meinerti			I	+	I
Polydesmus denticulatus			I	+	
Geophilus insculptus	x	+	+	x	x
Lithobius aeruginosus	I	✻	x	+	x
Leptophyllum nanum	∾	∞	∾	∞	✻
Leptophyllum pelidnum	✻	∞	✻	✻	✻

3. Arten, die im Sommer und Herbst vorkommen, z.B.
S c o l i o p l a n e s   c r a s s i p e s,
S c u t i g e r e l l e   i m m a c u l a t a,
H a p l o g l o m e r i s   m u l t i s t ria-
t a, G e r v a i s i a   n o d u l i g e r a.

4. Arten, die bloss in den Monaten August und
September gefunden werden wie P o l y d e s-
m u s   d e n t i c u l a t u s

5. Arten, die während des Frühjahres, Sommers und
Herbst vorhanden sind wie G e o p h i l u s
i n s c u l p t u s, L i t h o b i u s   a e-
r u g i n o s u s, L e p t o p h y l l u m
n a n u m und L e p t o p h y l l u m   p e l i-d-
n u m.

Sehr auffallend sind die Farbvarietäten von L e p-
t o p h y l l u m   n a n u m und L e p t o p h y l l u m
p e l i d n u m, die ich jedoch weder mit dem Fundort
noch mit dem jahreszeitlichen Auftreten in Korrelation
bringen konnte. Vertreter von L e p t o p h y l l u m
n a n u m   variieren von einem hellen Rötlich-violett
bis zu dunkel-violett. L e p t o p h y l l u m   p e l i d-
n u m   variiert von einem schmutzigen Weiss bis zu dunkel-
violett.

Apterygota

Die Gruppe der Apterygota hat einen hohen prozentuellen Anteil an der Bodenfauna.

In meinem Untersuchungsgebiet konnte ich innerhalb
des Sommerhalbjahres 44 Collembolenarten, 2 Proturen-und
eine Diplurenart nachweisen. Der Grossteil der gefundenen
Collembolen gehört der umfangreichen Gruppe der A t h r o-
p l e o n a, nur einige Formen der S y m p h y p l e o-
n a   an.

Collembolen weisen durch ihre Körpergestalt eine
sehr gute Anpassung an ihre unmittelbarste Umgebung auf
(G i s i n   1943). Ich unterscheide 3 Hauptgruppen in

diesem Biotop: Rindenbewohner, Moosbewohner, Humusbewohner.
Die Trennung der 3 Gruppen ist zwar nicht absolut scharf,
aber in der Mehrzahl der Fälle deutlich. Formen mit Merkmalen von 2 Gruppen können als Bindeglieder zwischen den
einzelnen Gruppen aufgefasst werden.

Rindenbewohner sind plumpe, schwerfällige Tiere,
die einer Furca entbehren und somit nicht sprungfähig sind.
Sie haben ein mehr oder minder stark ausgebildetes Borsten-
kleid, sind in den meisten Fällen kräftig pigmentiert und
verfügen über nur kurze Antennen und entwickelte Ommata,
z.B. A n u r o p h o r u s   l a r i c i s   und E n t o m o -
b r y a   m a r g i n a t a.

Moosbewohner sind meist grösser als Rindenbewohner,
besitzen eine gut ausgebildete Furca, haben relativ lange
Beine und Fühler, einige Arten sind beschuppt und die
meisten Arten sind wenig pigmentiert, z.B. T o m o c e r i -
d e n.

Humusbewohner sind kleine pigmentlose und nicht
sprungfähige Tiere, vollständig blind, aber durch den Be-
sitz kompliziert gebauter Sinnesorgane ausgezeichnet, z.B.
O n y c h i u r i d e n.

Ein typisches Bindglied zwischen diesen drei Lebens-
formen ist F o l s o m i a   q u a d r i o c u l a t a, die
alle bisher erwähnten Merkmale in mittelmässiger Ausbildung aufweist.

Trotz dieser deutlichen Spezialisierung findet man
ein und dieselbe Art oft an Standorten von anscheinend
höchst unterschiedlichem Typus. Sie kann unter wesentlich
verschiedenen Umweltbedingungen leben, jedoch werden op-
timale Lebensbedingungen durch quantitativ stärkstes Auftreten beantwortet.

Tabelle 6

	Monat	S1 St	S1 F	S1 H	S2 St	S2 F	S2 H	S3 St	S3 F	S3 H	S4 St	S4 F	S4 H	S5 St	S5 F	S5 H	S6 St	S6 F	S6 H
		Waldschläge — Bodenschichten																	
Onychiurus armatus v. inermis	V	*	*		*	+	/	*	x		x	+		+	+			x	
	VII	+	*	+	+			*	x		*	+		*	x	/	*	x	x
	VIII	+	/		+	x		+			+	+		+	*	/	+		
	IX	*	+		*			/	+	x	*	x	/	x	+		*	x	
	X	+	+		*	+		*	∞	x	x	x		*	*	/			
Onychiurus armatus	V	+	x	/		x	/		+		/			x			x		
	VII		*	/	*						*	+		x			+	/	/
	VIII		/	+	/				/		x	+		*	+	/	+	*	/
	IX	*	+	+	/	+		x	+	x	x			∞	*		*	*	+
	X	+	/	+	+	+	/	*	+	+	+		+	*	+	+	+	+	+
Tullbergia krausbaueri	V	+	/						x	x	/							/	+
	VII	x	+	+					x		/			+	/	/	/	+	/
	VIII	/							/		/	+	/	+	+		+		
	IX	+							/	+				+			x	/	
	X		+			+			x	/	/	+		+				/	
Hypogastrura armata	V	+			*	/			/					/	+	/	/	*	
	VII				+				/				/	x	+		x	*	
	VIII	+	+	/	+	+		+			/	/		+	/		+	x	
	IX	*		/	+			/			x			x			*	*	
	X		/		+			/	+					x	+	+	+	*	+
Folsomia fimetaria	V	*	x	/	/		/	/			+	+		+	/		+	+	
	VII		/		+			/	+					x	+		*	+	
	VIII		+				/		+		/		+	x	+	+		+	
	IX	x	+	/				/	x		*	+	+	x	*	+	*	*	
	X		+					x	*		+	x		x	+	/			
Folsomia quadrioculata	V	*	x	+	*	+	+		+		x				+	/	*	x	
	VII	*	*	+	*	/		/										+	
	VIII	x	x	+		*	+	+	/	/				*	+	+	*	x	
	IX	*	+	+					+	+	∞	+	/	*	/		∞	∞	+
	X	x	x	/		+	/	+	+		+			*				/	x

Waldschläge (S1–S6) — Bodenschichten (St, F, H)

Art	Monat	S1 St	S1 F	S1 H	S2 St	S2 F	S2 H	S3 St	S3 F	S3 H	S4 St	S4 F	S4 H	S5 St	S5 F	S5 H	S6 St	S6 F	S6 H
Isotoma minor	V	/		+	x	+			/		+						*	/	
	VII							+	/										
	VIII				l	+						/		+					
	IX	x	/														+	+	
	X		/					+	*	/				+					
Entomobrya marginata	V	+	/						/								/		
	VII								/								/		
	VIII							/			/	/					x		
	IX	+							/								∞	*	
	X								+	(							*	/	/
Lepidocyrtus lanuginosus	V	x						/									/	/	
	VII	/										/					+		
	VIII				+			/			+			/	/		x	+	
	IX	+									x			+	+		*	x	
	X											/						+	
Lepidocyrtus lanuginosus v. albicans	V	+	/														/		
	VII		+																
	VIII							/									*	+	
	IX							/									x	+	/
	X							x										+	
Achorutes coronifer	V								+										
	VII				/			+			/							/	
	VIII				/	+		/											
	IX	x		/				/		/					x			/	
	X	/						/	+					+	/			/	
Tetracanthella alpina	V							/											
	VII																		
	VIII											+							
	IX											/		/					
	X	+						*	+										

Waldschläge — Bodenschichten

Art	Monat	S1			S2			S3			S4			S5			S6		
		St	F	H	St	F	H	St	F	H	St	F	H	St	F	H	St	F	H
Kalaphorura burmeisteri	V					/			+										
	VII								/		+	+		+	+		+		
	VIII	+	/		x	+					*	+		*					
	IX	*		+				x	+	/	x	/	/	*	+		x	+	
	X	+	+		/			x	/	/	*	/	/	+	+				
Sphyrotheca lubbocki	V	+			+			+											
	VII	+	+					+											
	VIII	+			+	+					+								
	IX	x	/	/			/				+								
	X	/						+											
Acerentulus tiarneus	V	+	x	/	/	x		/				+		/				+	x
	VII		+			/					+	+	/				+	x	x
	VIII		/			+	/					/				+		x	x
	IX	+	+	/	+	+			+		+		+	+		/	*	g	*
	X	+			+		+	+	/		x							*	*
Acerentomus doderoi	V	/			+	+					x	+		/	/		+	x	
	VII			/															
	VIII	+																+	
	IX	/										/			/		x	x	
	X	+	+		+			/				/					+	+	+
Campodea staphylinus s.l.	V	+									/			/					
	VII		/								/								
	VIII	/				/													
	IX	+										/					/	/	
	X		+			/		/						/	/				
Tullbergia bipartita	V		/																
	VII																		
	VIII													+	/				
	IX								/					+					
	X							+											

		Waldschläge																	
		S₁			S₂			S₃			S₄			S₅			S₆		
	Monat	Bodenschichten																	
		St	F	H	St	F	H	St	F	H	St	F	H	St	F	H	St	F	H
Isotoma violacea	V		/		+		+											x		
	VII																			
	VIII	/	+																	
	IX	/									+			+			+	x	
	X				+			x	x		x						+		
Tomocerus minutus	V																/		
	VII		+														*		
	VIII				/							/							
	IX		/												/		*	/	
	X																		
Morulina gigantea	V																+		
	VII																		
	VIII				/	+													
	IX				+						+						+		
	X	+			/			+	/										
Pseudisotoma sensibilis	V																		
	VII							+											
	VIII					+		+									/		
	IX																	+	
	X																		
Pseudachorutes parvulus	V																		
	VII																	+	
	VIII		+																
	IX																	/	
	X																		
Achorutes muscorum	V																		
	VII										+								
	VIII	+																	
	IX	+																	
	X																		

Art	Monat	Waldschläge																
		S1			S2			S3			S4			S5			S6		
		Bodenschichten																	
		St	F	H	St	F	H	St	F	H	St	F	H	St	F	H	St	F	H
Entomobrya muscorum	V																		
	VII		/																
	VIII							/											
	IX																		
	X																		
Entomobrya corticalis	V																		
	VII										/								
	VIII							+											
	IX																		
	X																		
Micranurida pygmaea	V																		
	VII										/						/		
	VIII							x									+		
	IX																		
	X																		
Isotoma hiemalis	V				+														
	VII																		
	VIII																		
	IX																		
	X																		
Anurophorus laricis	V																x		
	VII				/												+		
	VIII																		
	IX									/									
	X																		
Achorutes carolii	V																		
	VII			/															
	VIII																		
	IX	+																	
	X																		

<table>
<thead>
<tr><th rowspan="4">Art</th><th rowspan="4">Monat</th><th colspan="18" align="center">Waldschläge</th></tr>
<tr><th colspan="3">S₁</th><th colspan="3">S₂</th><th colspan="3">S₃</th><th colspan="3">S₄</th><th colspan="3">S₅</th><th colspan="3">S₆</th></tr>
<tr><th colspan="18" align="center">Bodenschichten</th></tr>
<tr><th>St</th><th>F</th><th>H</th><th>St</th><th>F</th><th>H</th><th>St</th><th>F</th><th>H</th><th>St</th><th>F</th><th>H</th><th>St</th><th>F</th><th>H</th><th>St</th><th>F</th><th>H</th></tr>
</thead>
<tbody>
<tr><td rowspan="5">Isotoma notabilis</td><td>V</td><td></td><td></td><td></td><td></td><td></td><td></td><td></td><td></td><td></td><td></td><td></td><td></td><td></td><td></td><td></td><td></td><td></td><td></td></tr>
<tr><td>VII</td><td></td><td></td><td></td><td></td><td></td><td></td><td></td><td></td><td></td><td></td><td></td><td></td><td>x</td><td>/</td><td></td><td></td><td></td><td></td></tr>
<tr><td>VIII</td><td></td><td></td><td></td><td></td><td></td><td></td><td></td><td></td><td></td><td></td><td></td><td></td><td></td><td></td><td></td><td></td><td></td><td></td></tr>
<tr><td>IX</td><td></td><td>+</td><td></td><td></td><td></td><td></td><td></td><td></td><td></td><td></td><td></td><td></td><td></td><td></td><td></td><td></td><td></td><td></td></tr>
<tr><td>X</td><td></td><td></td><td></td><td></td><td></td><td></td><td></td><td></td><td></td><td></td><td></td><td></td><td></td><td></td><td></td><td></td><td></td><td></td></tr>
<tr><td rowspan="5">Tullbergia quadrispina</td><td>V</td><td></td><td></td><td></td><td></td><td></td><td></td><td></td><td></td><td></td><td></td><td></td><td></td><td></td><td></td><td></td><td></td><td></td><td></td></tr>
<tr><td>VII</td><td></td><td></td><td></td><td></td><td></td><td></td><td>/</td><td>/</td><td></td><td></td><td></td><td></td><td></td><td></td><td></td><td></td><td></td><td></td></tr>
<tr><td>VIII</td><td>/</td><td>/</td><td></td><td></td><td></td><td></td><td></td><td></td><td></td><td>+</td><td></td><td></td><td></td><td></td><td></td><td></td><td></td><td></td></tr>
<tr><td>IX</td><td></td><td></td><td></td><td></td><td></td><td></td><td></td><td></td><td>+</td><td></td><td></td><td></td><td>+</td><td></td><td></td><td>+</td><td></td><td></td></tr>
<tr><td>X</td><td></td><td></td><td></td><td></td><td></td><td></td><td>/</td><td></td><td></td><td></td><td></td><td></td><td></td><td></td><td></td><td></td><td></td><td></td></tr>
</tbody>
</table>

In meinem Sammelgebiet konnte ich 44 Apterygotenarten nachweisen, wovon ich bei 32 ein mehr oder minder gehäuftes Auftreten in allen Waldschlägen finden konnte. Betrachtet man diese 32 mehr oder minder häufigen Spezies nach ihrer Anwesenheit in den 6 untersuchten Waldschlägen, ohne Berücksichtigung des jahreszeitlichen Vorkommens und der Verteilung auf die einzelnen Schichten, so kann man bis zu einem gewissen Grad eine Homogenität aller 6 Schläge feststellen. Wo diese Homogenität gestört ist, handelt es sich in den meisten Fällen um Arten, die auf einen bestimmten Standort spezialisiert sind. P s e u d a c h o r u t e s   p a r v u l u s   z.B. ein typisches Rindentier, kommt nur in S_1 und S_6 vor. A c h o r u t e s   m u s c o r u m   lebt vorzüglich unter Rinde faulender Baumstrünke und im Moos, ist daher in S_1 und S_4 zu finden; E n t o m o b r y a   c o r t i c a l i s   bevorzugt die Rinde alter Baumstrünke und daher weisen sie S_3 und S_4 auf; S p h y r o t h e c a   l u b b o c k i, die feuchtes, algenbewachsenes Holz, besonders feuchte und schattige Stellen aufsucht, fehlt in S_5 und S_6 und kommt in den Schlägen mit hohem Deckungsgrad der Krautschicht vor.

Durch das artenmässig gleiche Auftreten sind S_1 und S_6, also der Altbestand und der jüngst abgeholzte Schlag einander sehr ähnlich. Mit Ausnahme von 4 Arten sind in beiden Schlägen die gleichen Formen vertreten. Die Häufigkeit nimmt von S_5 gegen S_1 ab, ein Beweis, dass durch eine Kahlschlägerung die Lebensbedingungen der Bodenfauna ungünstiger werden, sich aber nicht plötzlich so verändern, dass das Vorhandensein der Tiere unmöglich wird. Die Auswirkung des Kahlschlages macht sich erst in S_2 bemerkbar, wo eine Reduktion der Artenzahl eintritt. Es zeigt sich also, dass der Hochwald die scheinbar günstigsten Bedingungen für das Leben der Apterygoten bildet. Eine Sonderstellung nimmt S_3, der Windbruch ein, der überhaupt einer gesonderten Behandlung bedarf.

Ermittelt man das quantitative Vorkommen der Arten und bringt man es mit den Milieubedingungen in Korrelation, so kann man eine annäherungsweise Vorstellung von den Anforderungen der betreffenden Spezies an ihre Umwelt bekommen. Der Vergleich der Häufigkeit einzelner Arten, wie O n y c h i u r u s a r m a t u s und v. i n e r m i s, F o l s o m i a q u a d r i o c u l a t a, F o l s o m i a f i m e t a r i a, H y p o g a s t r u r a a r m a t a usw. auf den verschiedenen Schlägen führt zu demselben Ergebnis wie die Betrachtung der Artenzahl. Ich konnte eine maximale Anhäufung in S_6, einen leichten Abfall gegen S_1 und ein jähes Absinken gegen S_2 verzeichnen; von S_3 zu S_4, S_5 und S_6 ist aber ein allmählicher Anstieg festzustellen, wobei das Minimum in den meisten Fällen in S_2 zu finden ist.

Die Anzahl der Arten in den einzelnen Bodenschichten nimmt mit zunehmender Tiefe ab. Die maximale Artenzahl wurde demnach in allen 6 Schlägen in der obersten Bodenschicht erzielt. Allein P s e u d a c h o r u t e s p a r v u l u s tritt in meinem ganzen gesammelten Material nur in der F-Schicht auf. Die Artenzahl der F-Schicht ist nur um Weniges geringer als die der St-

Schicht. 12 Formen reichen bis in die H-Schichte. Das
quantitative Verhältnis der Arten in den Schichten ist
variabel. So tritt z.B. F o l s o m i a q u a d r i -
o c u l a t a in S_1 in der Streuschicht häufiger auf
als in der F-Schicht, in S_3 in allen Schichten gleich
häufig und in den übrigen Schlägen zeigt sie eine deutliche Abnahme mit zunehmender Tiefe. Mehrere Arten zeigten grössere Häufigkeit in der F-Schicht in S_1 und es
ist anzunehmen, dass bei den plötzlich schlechteren Lebensbedingungen, die sich zuerst in der Streuschicht
auswirken und die durch den Kahlschlag bedingt wurden,
der Grossteil der Tiere in eine tiefere Bodenschicht
abwanderte.

Mein Sammelergebnis weist 21 Arten auf, die in
allen 6 Waldschlägen immer vertreten sind. S c h u -
b e r t (1933) vergleicht Fichten-und Buchenwälder
und stellt typische Arten für jeden der beiden Biotope
fest. Ein Vergleich der von mir gefundenen Arten mit
diesen ergibt zum Grossteil eine Übereinstimmung mit den
Formen der Buchenwälder. Dieses Ergebnis sehe ich als
Hinweis auf einen einstigen Buchenwald in diesem Gebiet
an, da diese Fichtenwälder in den Buchenwaldgürtel der
dieser Höhenlage entspricht, eingestreut und als aufgeforstet anzusehen sind. Es zeigt sich, dass eine derar-
tige Umgestaltung des Biotops sich noch wesentlich lang-
samer auswirkt als eine Kahlschlägerung.

Hinsichtlich des jahreszeitlichen Auftretens
konnte ich drei Gruppen feststellen:

1. Arten, die von Mai bis Oktober vorhanden sind.
   Es sind das jene Tiere, die ich in allen Waldschlägen mit relativ grosser Häufigkeit finden
   konnte, wie z.B. O n y c h i u r u s a r m a -
   t u s und v. i n e r m i s, F o l s o m i a
   q u a d r i o c u l a t a, F o l s o m i a
   f i m e t a r i a und andere mehr. Jedoch zeigen auch diese Arten ein verschiedenes Verhalten innerhalb der 6 Sommermonate. Sie lassen
   sich innerhalb dieser grossen Gruppe in weitere 3 Untergruppen zusammenfassen.

a) Arten mit einem quantitativen Maximalwert
im Juli oder September und einem Minimum
im August (O n y c h i u r u s   a r m a t u s
und v. i n e r m i s).

b) Arten mit einem Maximum im September, einem
Minimum im August und einem relativ hohen
Wert im Mai, der allmählich von Juli bis August abfällt. (F o l s o m i a   q u a d r i -
o c u l a t a).

c) Arten mit einem Maximum im September, das
durch einen allmählichen Anstieg von Mai bis
September erreicht wird und im Oktober rasch
absinkt (K a l a p h o r u r a   b u r m e i -
s t e r i). Ausserdem konnte ich in den Monaten Mai, Juli, September und Oktober die
grösste Anhäufung immer in der obersten Bodenschicht feststellen, die allmählich mit
zunehmender Tiefe abfällt, im August aber
ist die grösste Häufigkeit in der F-Schicht
zu verzeichnen.

2. Arten, die in den Monaten Juli oder Juli-August
fehlen.Z.B. T e t r a c a n t h e l l a   a l -
p i n a, I s o t o m a   v i o l a c e a, M o -
r u l i n a   g i g a n t e a. Sie weisen ihr
maximales Vorkommen im Oktober auf.

3. Arten, die nur in den Sommermonaten vertreten
sind und daher in den Monaten Mai und Oktober
oder Mai, September und Oktober fehlen, z.B.
P s e u d i s o t o m a   s e n s i b i l i s,
P s e u d a c h o r u t e s   p a r v u l u s,
M i c r a n u r i d a   p y g m a e a und andere mehr.

Die jahreszeitliche Verteilung wie die Individu-
enstärke der einzelnen Arten ist abhängig von der Anzahl
der abgesetzten Eier und von den günstigen oder ungünstigen äusseren Umständen, denen das Ei ausgesetzt ist; es
kann nämlich durch die Wirkung von Aussenfaktoren eine
scheinbare Periodizität entstehen. Nach H a n d s c h i n

ist die Entwicklungsdauer sehr temperaturbedingt und die Periodizität sieht er in Form zeitlich geschiedener Generationen. Andere Forscher sind der Meinung, dass eine kontinuierliche Eiablage und ein Ausschlüpfen während der ganzen wärmeren Jahreszeit stattfindet. Auffällig ist, dass für viele Arten die maximale Häufigkeit im Juli gelegen ist, bezw. sie erst im Juli auftreten. Diese Erscheinung führe ich auf die relativ konstanten Klimafaktoren in diesem Monat zurück. Ähnlich ist es im September, wo entsprechend günstige Bedingungen für viele Arten gegeben sind.

Feinde können zu einem Grossteil die Häufigkeit der Apterygoten steuern. Untersuchungen ergaben zwar, dass die Zahl der Räuber kontinuierlich mit der der Collembolen zunimmt, doch fehlen diese Feinde weitgehend in der Moos-und Flechtenvegetation, wo sich daher eine recht individuenreiche Collembolenfauna entwickelt. Als Feinde gibt für sie S t r e b e l und A g r e l l G a m a s i d e n, S t a p h y l i n i d e n an; S t r e - b e l auch Staphylinidenlarven, Formiciden, Trombidiiden und Bdelliden. Nach A g r e l l werden besonders kleinere Arten wie I s o t o m a v i o l a c e a und Jungtiere von Gamasiden angegriffen.

Durch ihre Lebensweise und ihren hohen (3o-4o%-igen) Anteil an der gesamten Bodenfauna sind sie für den Kreislauf der organischen Bestandteile des Bodens bedeutend und tragen wesentlich zum Abbau der Pflanzen-und Tierleichen wie dem Abbau von Pilzen im Boden bei.

Die Lebensbedingungen im Waldboden

Die Lebensbedingungen, die der Boden Organismen bietet, sind das Ergebnis der gleichzeitigen Wirksamkeit vieler Faktoren. Eine Analyse lässt die Wirkungsweise der einzelnen Faktoren erkennen. Bei der summarischen Wirkung aller Faktoren macht sich das Liebig'sche Gesetz vom Minimum geltend.

a) T e m p e r a t u r

Die Temperatur wirkt begrenzend auf das Verbreitungsgebiet der Tiere sowohl in horizontaler als auch in vertikaler Richtung. Sie beeinflusst die Zeit, die zum vollständigen Ablauf des Lebens notwendig ist, in hemmender oder beschleunigender Weise und kann ausserdem eine allenfalls vorzeitige Mortalität verursachen. Sie steuert die Vermehrung.Um ein Bild von den Temperaturverhältnissen in meinem Untersuchungsgebiet zu bekommen, stellte ich verschiedene Messungen an:

1. Bei der monatlichen Bodenentnahme führte ich Messungen in den entsprechenden Bodenschichten und der bodennahen Luftschicht durch.

2. Die täglich 3-maligen Messungen zwischen $7 - 8^h$, $12 - 13^h$, $19 - 20^h$ in den einzelnen Bodenschichten und der bodennahen Luftschicht in der Zeit vom 2. bis 1o. September zeigt die Tagesschwankungen in einem Schlag in den einzelnen Schichten auf und ermöglicht einen Vergleich der Schläge.

3. Die Feststellung der Vorzugstemperatur einzelner Arten verschiedener Gruppen gibt einen Hinweis auf den Grad der Wirksamkeit des Temperaturfaktors bei gleichsinniger Wirkung mehrerer Faktoren.

Ein Vergleich der monatlichen Temperaturwerte zeigt in den Sommermonaten ein Anwachsen der Differenz zwischen Luft und Bodentemperatur mit zunehmender Tiefe, hingegen ist bereits im September ein Absinken der Lufttemperatur bis zur Temperatur der obersten Bodenschichte festzustellen.

Bei einzelnen Arten gelingt es, die absolute Abhängigkeit von einem Faktor, in diesem Fall von der Temperatur, nachzuweisen. Z.B. aus der Gruppe der M y r i a p o d a bei L e p t o p h y l l u m   n a n u m und L e p t o p h y l l u m   p e l i d n u m. Ihre Vorzugstemperatur konnte ich für eine Temperaturspanne von $9 - 12^o$ feststellen. Schläge, die diese Bedingungen

rfüllen, weisen eine maximale Abundanz der beiden Arten auf;
:in Überschreiten dieser Temperaturspanne z.B. in S_3 wird mit
linimalem Auftreten beantwortet.

Ähnliches Verhalten weisen einzelne Apterygotenarten
:uf. **Agrell** stellte für **Onychiurus armatus**
:in Temperaturpräferendum von 6°- 1o°und für **Folsomia
quadrioculata** von 11 - 13°fest. Stellt man die
!emperaturwerte, die im Monat August in den einzelnen Schlä-
,en gemessen wurden, graphisch dar und bringt sie mit Häufig-
:eitskurven von Apterygotenarten in Verbindung, so ergibt sich
"ür die einzeln herausgegriffenen Arten eine sehr klare Be-
:iehung. Es besteht für die 6 Schläge eine maximale Bodentem-
peraturspanne von 6,4°C (11°C - 17,4°C) - gemessen am Abend.
)abei ergibt sich für **Onychiurus armatus** und
v. inermis, Folsomia quadrioculata
und **Acerentulus tiarneus** folgende Temperaturabhängigkeit: Die Individuenzahl ist umso höher, je niedriger die Temperatur innerhalb dieses Bereiches ist. Stellt
man dieselbe Beziehung für den Monat September her, so zeigt
Folsomia quadrioculata auch in diesem
Monat fast gleiches Verhalten, während die übrigen Arten keine deutliche Temperaturabhängigkeit aufweisen. Die gleiche
Abhängigkeit wie im August zeigt **Acerentulus tiarneus** auch im Oktober, während die Häufigkeit bei
**Folsomia quadrioculata, Onychiu-
rus armatus** und **v. inermis** nur mit Zunahme
der Temperatur ansteigt bezw. die Temperaturabnahme absinkt.
Der Temperaturbereich ist im Oktober zwischen 1o,8 - 13° gelegen. Diese Verhaltensweise zeigt, dass jeweils ein anderer
Faktor der spezifisch wirksame ist und dass nicht jede Art
einer Tiergruppe bei gleichem Einzelreiz gleiche Reaktion
aufweist. Diese Feststellung ist ohneweiteres durch das Mi-
nimumgesetz verständlich. Im August wirkt das Maximum an
Temperatur gleich dem Minimum und ist damit der am meisten
dem Pessimum genäherte Faktor, der somit die Häufigkeit der
Art bestimmt.

Die täglich 3-malige Temperaturmessung zeigt die allmähliche Abnahme der Tagestemperaturschwankung in den tiefer-

liegenden Bodenschichten; es wirkt sich eine kräftige Bestrahlung in der F-Schicht zu einem späteren Zeitpunkt aus als in St und der tägliche Maximalwert der beiden unteren Schichten des A-Hprizontes konnte demnach bei der täglichen Abendmessung festgestellt werden.

Die maximale Tagesschwankung der St-Schicht beträgt in S_1 2°C und auffallender Weise in S_4 in St-Horizont 2,5°C. Diese relativ hohe Schwankung in S_4 ist auf die Vegetationsverhältnisse zurückzuführen, die eine grössere Ausstrahlung als in S_2 ermöglichen. In der F-Schicht beträgt die tägliche Schwankung in S_1 1,3°, in S_6 0,7°. Wesentlich geringer sind die Werte für die H-Schicht, wo sie in S_1 nur mehr 0,4° beträgt und in S_6 0,1°. Die Messungen zeigen in S_6 eine relative Konstanz der Temperatur und sie kann als Temperatur des Stammraumes bezeichnet werden. Messungen ergaben, dass Temperaturschwankungen im Nadelwald noch wesentlich geringer sind als im Laubwald.

b) <u>F e u c h t i g k e i t   u . W a s s e r k a p a z i t ä t</u>

Diese beiden Faktoren sind eng miteinander verbunden, da die Wasserkapazität bis zu einem gewissen Grad Voraussetzung für die Bodenfeuchtigkeit ist. Unter Wasserkapazität versteht man jene Wassermenge, die ein Boden dauernd festhält und vor dem Absickern bewahrt. Sie ist demnach eine Funktion der Korngrösse und -struktur einerseits und der vorhandenen quellbaren Stoffe andererseits (quellbare Stoffe im Boden sind vor allem Tonhumuskomplexe). Die Differenz von Abtropfgewicht und Trockengewicht eines natürlich gelagerten Stück Bodens ergibt den zahlenmässigen Wert für die Wasserkapazität, die in Volumsprozent ausgedrückt wird.

Unter Bodenfeuchtigkeit versteht man alles im Boden jeweils vorhandene Wasser, das durch Niederschläge oder kapilares Aufsteigen vom Grundwasserspiegel dem Boden zugeführt wird. Für Organismen ist die Fähigkeit des Bodens, eine bestimmte Bodenfeuchtigkeit auch bei wechselnden Klimaverhält-

nissen aufrecht zu erhalten, wesentlich. Diese wird durch
drei verschiedene Möglichkeiten, das Wasser im Boden festzuhalten,erreicht und man unterscheidet demnach: Kapillar-
wasser, das nur wenig fest vom Boden gehalten wird, Poren-
winkelwasser und Adsorptionswasser, das in feiner Schicht
den einzelnen Bodenpartikeln anhaftet. Die beiden letzte-
ren werden vom Boden sehr zäh festgehalten.

Der Wert des Frischwassergehaltes ergibt sich in
Trockengewichtsprozenten ausgedrückt aus der Differenz
von Frischgewicht und Trockengewicht eines natürlich gelagerten Bodens.

Für das Leben der Tiere im Boden, deren Lebensraum
die grösseren und kleineren Poren sind, ist die Feuchtigkeit der Porenluft wesentlich; sie ergibt sich aus der Ver-
dunstung des Bodenwassers und ist daher temperaturabhängig.
Die Feuchtigkeit der Porenluft kann mit einem Haarhygrometer gemessen werden, das man in die einzelnen Bodenschichten eingräbt. Für das Leben vieler Bodentiere ist eine
loo%ige Wasserdampfsättigung notwendig. S t r e b e l (1932)
weist z.B. für Collembolen nach, dass bei einer 9o%igen
Wasserdampfsättigung der Bodenluft noch eine 1o%ige S t e r b-
lichkeit eintritt. Die Bodenfeuchtigkeit ist ein so le-
bensnotwendiger Faktor, dass sie einerseits durch mehrfa-
chen mechanischen Schutz gewährleistet wird, andererseits
ist der Fortbestand der Organismen im Falle eintretender
Trockenperioden auf verschiedenartige Weise gesichert.
Hingegen zeigen die dauernd im Boden lebenden Organismen,
besonders die Bewohner tieferer Bodenschichten nur eine geringe Resistenz gegen Austrocknung. Diese Erscheinung ist
besonders bei einzelnen Collembolenarten aus der Familie
der O n y c h i u r i d a e ausgeprägt, aber auch bei
Enchytraen, Nematoden und Chilopoden. Wie aus meinen Messungen ersichtlich ist, sind für die Gruppe der Apterygoten
Maximalwerte der Wasserkapazität und des Frischwassergehaltes als Minimumfaktor wirksam. Jedoch ist die Reakti-
onsstärke nicht bei allen Arten gleich. F o l s o m i a
q u a d r i o c u l a t a verhält sich zu beiden Faktoren und in allen Schlägen verkehrt proportional. Trotz der
nahen Verwandtschaft von O n y c h i u r u s a r m a t u s

Abhängigkeit der Apterygoten von Wasserkapazität

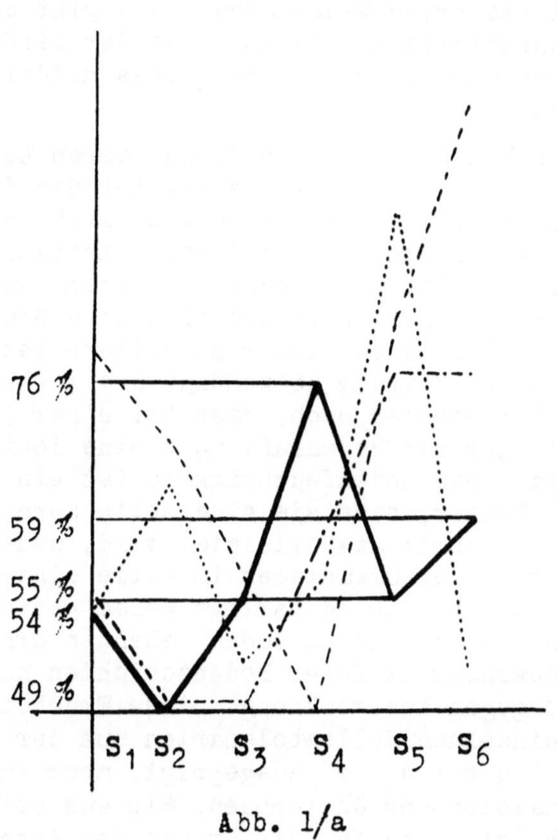

Abb. 1/a

Zeichenerklärung:

- – · – Onychiurus armatus
- ·········· Onychiurus inermis
- – – – Folsomia quadrioculata
- ▬▬▬ Wasserkapazität

Abhängigkeit der Apterygoten von Frischwassergehalt

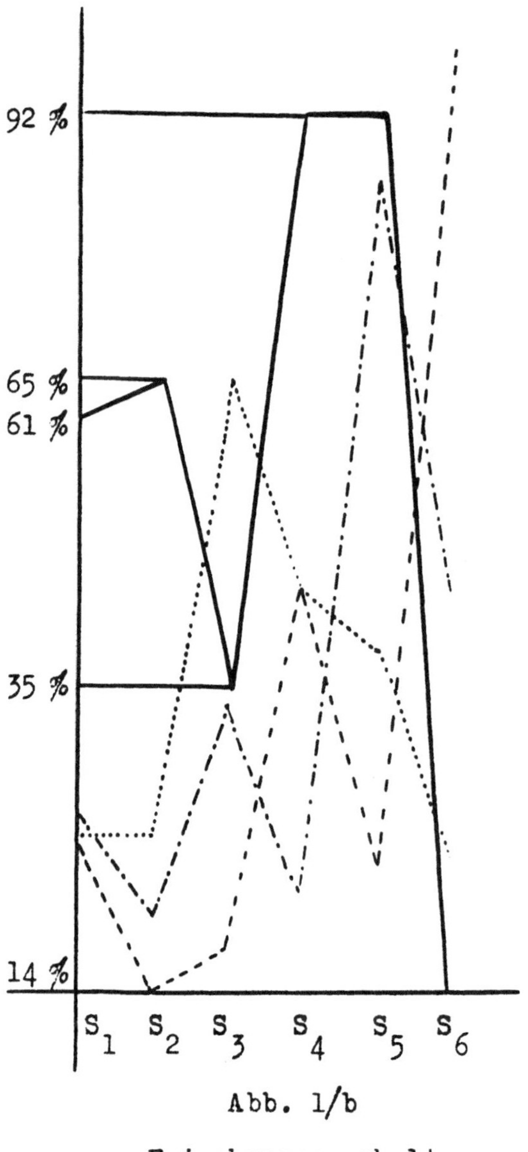

Abb. 1/b

—— Frischwassergehalt

v. i n e r m i s und O n y c h i u r u s a r m a t u s
weisen beide verschiedenes Verhalten auf. Hinsichtlich
des Frischwassergehaltes stimmen O n y c h i u r u s
a r m a t u s und v. i n e r m i s in ihrem Verhalten
mit F o l s o m i a q u a d r i o c u l a t a in den
Schlägen S_1, S_2, S_3, S_4 überein und hinsichtlich der Wasserkapazität weist O n y c h i u r u s a r m a t u s in
den Schlägen mittleren Alters keine Abhängigkeit auf.

Für die häufigsten Arten der Myriapoden ist sowohl der Frischwassergehalt als auch die Wasserkapazität
in nahezu allen Schlägen optimal. Die grosse Bedeutung
der Feuchtigkeit für diese Tiergruppe liegt in der gleich-
sinnigen Abhängigkeit von beiden Faktoren, da die Wasserkapazität eine Funktion des Porenvolumens ist und zu
letzterem auch eine Beziehung besteht.

Wasserkapazität und Frischwassergehalt sind demnach
gleichsinnige Faktoren, deren Wirkung steuernd in das Leben der Bodentiere eingreift, aber gruppenweise verschieden,
direkt oder verkehrt proportional wirkt.

Abhängigkeit der Myriapoden von Wasserkapazität

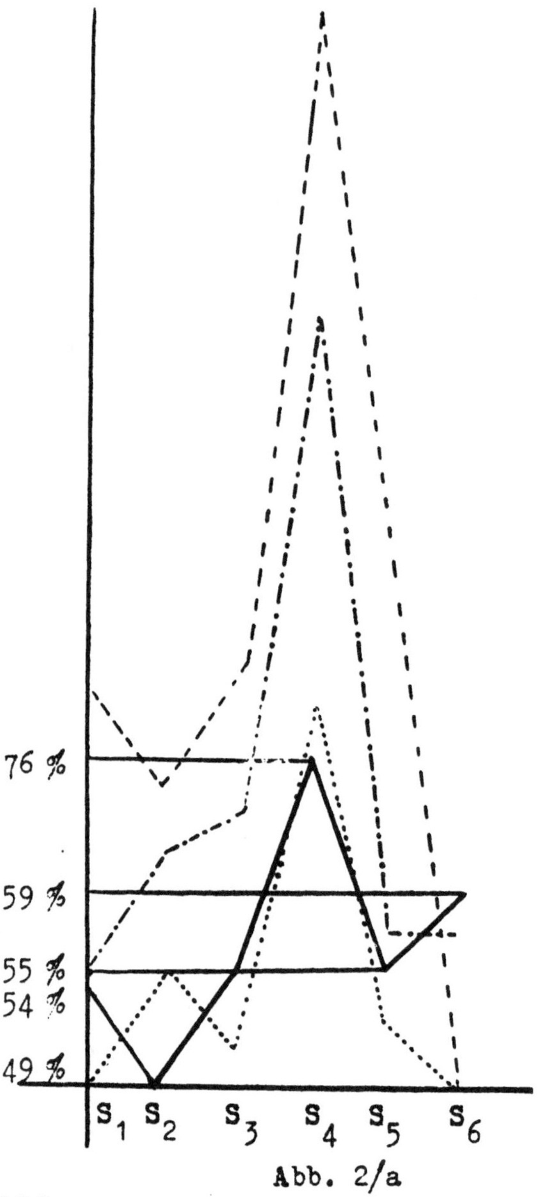

Abb. 2/a

<u>Zeichenerklärung:</u>

·—··— Leptophyllum pelidnum
······· Gervaisia noduligera
·—··—· Leptophyllum nanum
——— Wasserkapazität

Abhängigkeit der Myriapoden von Frischwassergehalt

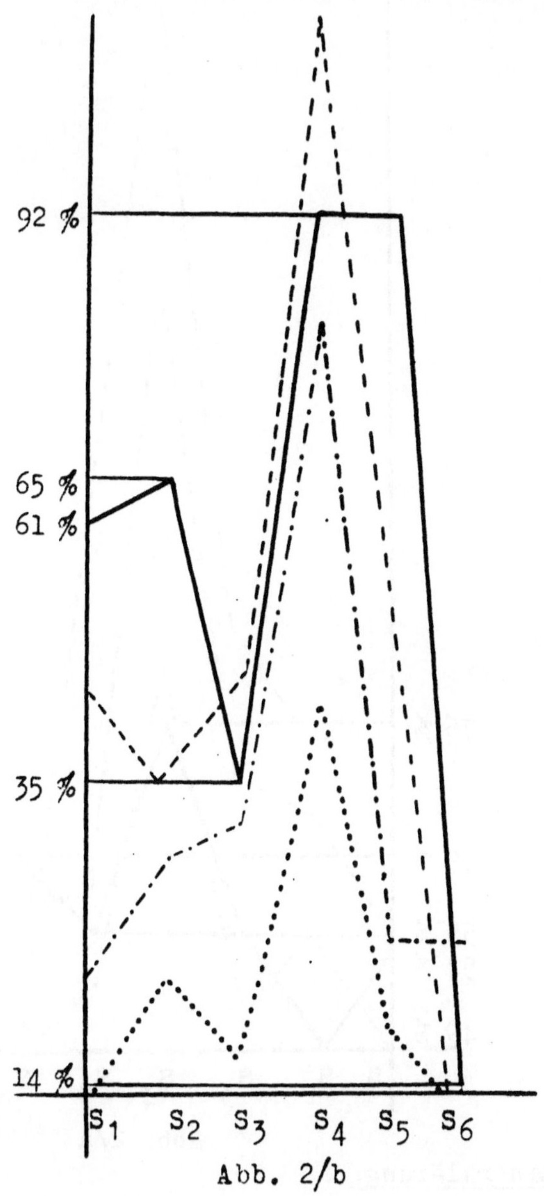

Abb. 2/b

——— Frischwassergehalt

c) <u>P o r e n v o l u m e n</u>

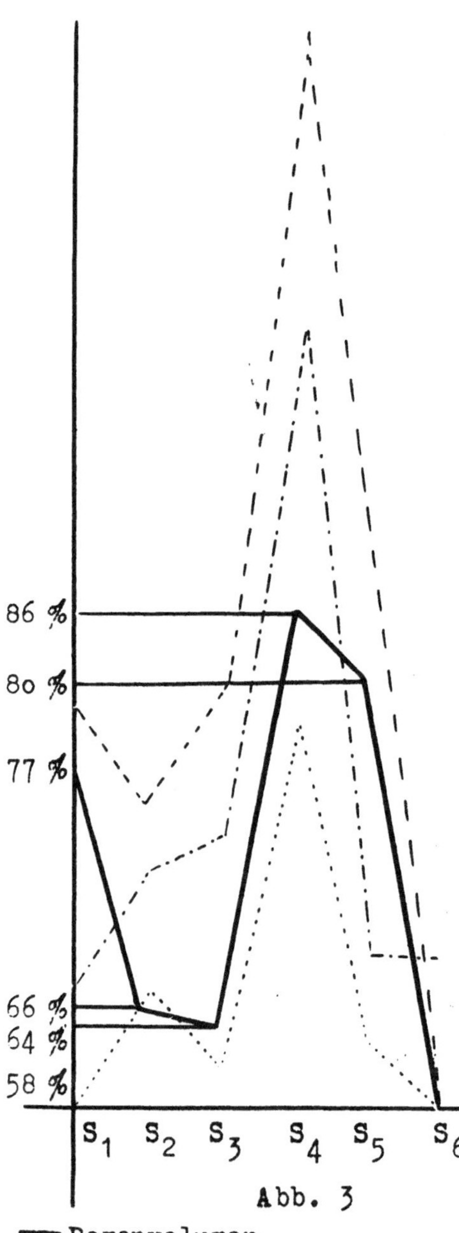

Das Porenvolumen stellt den Lebensraum der nicht grabfähigen Bodentiere dar.

Es ist als eine Funktion der Bodenstruktur, der Korngrösse und Kornpackung aufzufassen. Die Differenz von Sättigungs-und Trockengewicht in Volumsprozenten ausgedrückt ergibt den Wert für das Porenvolumen.Die Grösse des Porenvolumens nimmt mit zunehmender Tiefe ab; eine Ausnahme bildet der Altbestand S_6, der das geringste Porenvolumen in der St-Schicht aufweist. Die Ursache ist die dichte Aneinanderlagerung der Fichtennadeln, die von Pilzmyzelien durchwuchert sind und eine kompakte Schichte bilden.

Die nicht grabfähigen Bodentiere verhalten sich sich gegenüber dem Porenvolumen verschiedenartig, wonach ich sie in 2 Gruppen einteile. Abb.3 zeigt die Abhängigkeit der Häufigkeit vom Porenvolumen bei Myriapoden, also Tieren, deren Körper ziemlich gross ist, aber langgestreckt und sehr beweglich, so dass ein Durchzwängen durch das Hohlraumsystem des Bodens möglich ist.

Es besteht eine direkte Proportionalität zwischen Grösse des Porenvolumens und der Abundanz der einzelnen Arten in der Gruppe der Myriapoda. Abb. 4 zeigt das Verhalten von Apterygoten, also Tieren, deren Körpergrösse die Grösse der Porenhohlräume meist nicht überschreitet. Es fehlt jegliche Abhängigkeit der Häufigkeit der untersuchten Arten vom verschiedenen Porenvolumen in den einzelnen Schlägen.

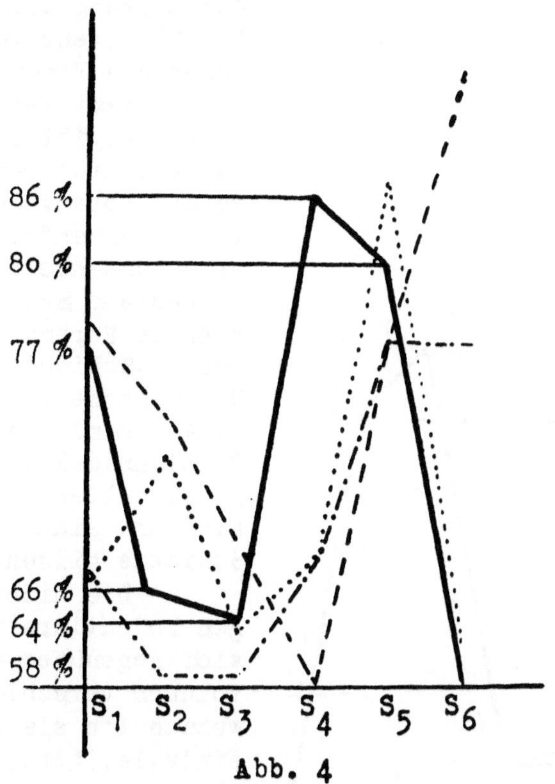

Abb. 4

—— Porenvolumen

Dieses Verhalten der beiden Tiergruppen besagt, dass die Myriapoden, die den Boden schlängelnd durchwühlen, in ihrem Vorkommen an entsprechend grosse Hohl-

räume in der Erde gebunden sind, da sie nicht durch Kör-
perkraft sich eigene Wege bahnen, sondern das Hohlraumsystem des Bodens verwenden. Für Collembolen hingegen ist
in meinem gesamten Untersuchungsgebiet das Hohlraumvolu-
men gross genug, wirkt somit nicht als lebensbegrenzen-
der Faktor und lässt daher auch keine Abhängigkeit erkennen.

d) <u>L u f t k a p a z i t ä t</u>

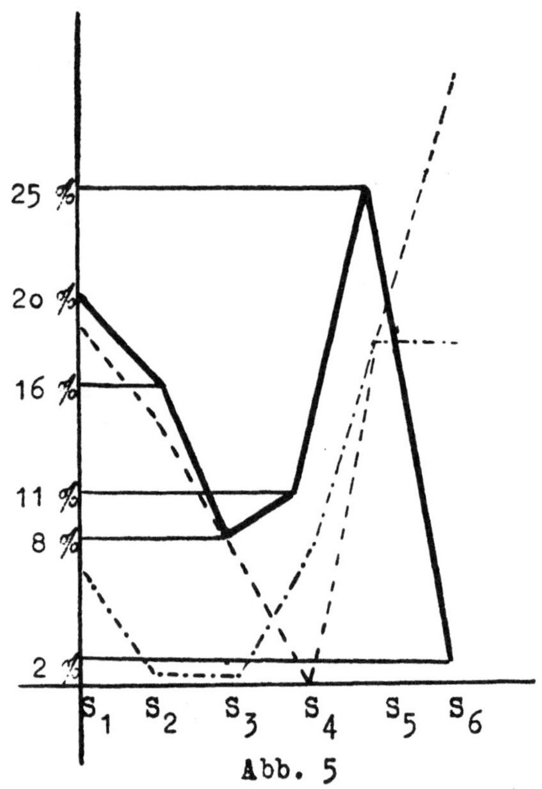

Abb. 5

——— Luftkapazität

    Die Luftkapazität steht in Zusammenhang mit der
Bodendurchlüftung; sie bestimmt daher die Atmungsfakto-
ren, Sauerstoff und Kohlensäuregehalt, wodurch sie für

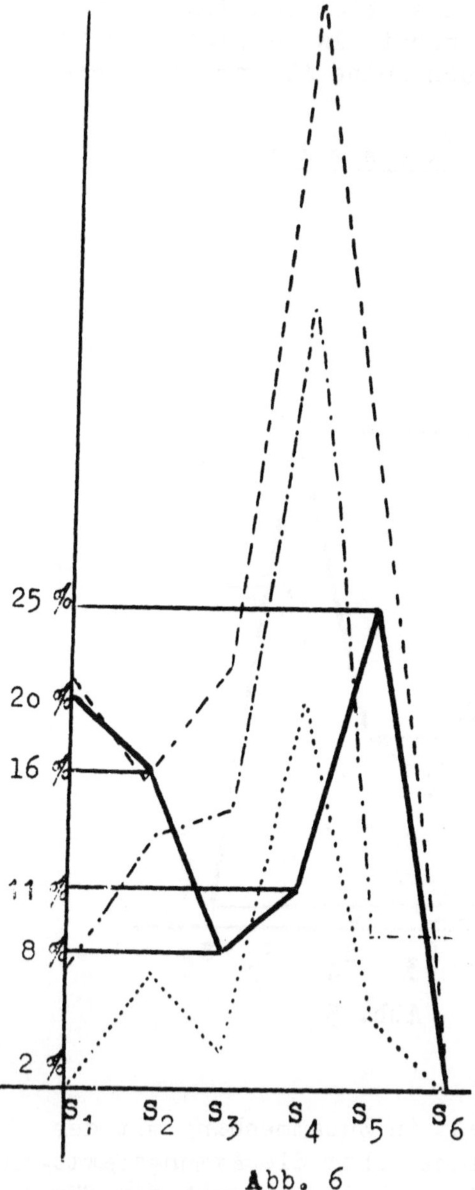

Abb. 6

—— Luftkapazität

manche Bodentiere zu einem lebensbestimmenden Faktor wird.

Unter Luftkapazität versteht man das Fassungsvermögen an Luft bei maximaler Wassersättigung des Bodens. Sie wird in Volumsprozent aus der Differenz von Sättigung und Abtropfgewicht eines bestimmten Volumens natürlich gelagerten Bodens berechnet. Die Grösse der Luftkapazität steht in keinem Verhältnis zum Alter der Schläge und zum Deckungsgrad der Pflanzenschichten; sie nimmt mit zunehmender Bodentiefe ab, nur S_4 weist umgekehrtes Verhalten auf.

Für die Gruppe der Apterygota besteht eine Abhängigkeit von der Luftkapazität und zwar verhalten sich Häufigkeit und Luftkapazität direkt proportional zueinander. Damit ist die Bedeutung dieses Faktors für diese Tiergruppe gegeben. Als Minimumfaktor dürfte er bei O n y c h i u r u s a r m a t u s v. i n e r m i s in den Schlägen S_5 und S_6

wirken. (Abb. 5)

Die Abnahme der Individuenzahl mit zunehmender Tiefe scheint mir demnach auch von der Luftversorgung der tieferen Schichten abhängig zu sein.

Von wesentlich geringerer Bedeutung scheint in diesem Fall (da weit vom Minimum) die Bodendurchlüftung für Myriapoda zu sein, da in keinem Schlag eine direkte Abhängigkeit zwischen Häufigkeit und Grösse der Luftkapazität besteht. (Abb.6)

e) <u>**F a k t o r e n a n a l y s e   i n   d e n   e i n z e l n e n   W a l d s c h l ä g e n**</u>

S_3 nimmt als Windbruch in fast allen Fällen eine Sonderstellung durch extremes Verhalten ein und wird in den nachstehenden Vergleich nicht einbezogen, sondern anschliessend gesondert behandelt.

Hinsichtlich des Porenvolumens zeigen sich grosse Unterschiede zwischen den einzelnen Schlägen. S_1 und S_5 verhalten sich annähernd gleich, während S_4 ein Maximum aufweist und S_2 und S_6 die geringsten Porenvolumina besitzen.

Der relative Maximalwert an Frischwassergehalt und Wasserkapazität wird ebenfalls in S_4, einem Schlag mittleren Alters, erreicht, während der Frischwassergehalt in S_6 zum Minimum herabsinkt; dieser Faktor weist einen kontinuierlichen Anstieg von S_1 über S_2 zum relativen Maximum in S_4 und S_5 und einen jähen Abfall gegen S_6 auf. Die Wasserkapazität hingegen erreicht in S_2 ihr Minimum, dem Porenvolumen entsprechend. Auch die Luftkapazität hat in S_5 ihr relatives Maximum und das Minimum in S_6. Es ist somit festzustellen, dass die Schläge mittleren Alters die relativen Höchstwerte dieser Faktoren aufweisen und der Altbestand die relativen Minima (ausgenommen Wasserkapazität). Mittelwerte oder Werte, die mehr dem Minimum genähert sind, zeigt S_2.

Das Ergebnis dieser Faktorenanalyse ist:

1. Parallelwirkung zwischen zwei und mehreren Faktoren (Wasserkapazität, Frischwassergehalt, z.T. Temperatur bei der Collembolenhäufigkeit).

2. Wechselwirkung zwischen zwei und mehreren Faktoren (Temperatur und Wasserkapazität bei Myriapoden).

3. Häufigkeit einer Art oder Gruppe ist primär von dem Faktor, der im Minimum ist, abhängig (Porenvolumen, Frischwassergehalt - Myriapoda).

4. Lokaler und temporärer Wechsel des Minimumfaktors.

5. Arten und Gruppen geben verschiedene Reaktionen bei einem bestimmten Minimumfaktor (Porenvolumen - Collembolen - Myriapoden).

Die Sonderstellung des Windbruchs

Bei der Untersuchung verschieden alter Fichtenwaldschläge führte ich einen Vergleich zwischen einem Windbruch (S_3) und einem gleichalten Schlag (S_4) durch. Es ist dabei zu berücksichtigen, dass der Windbruch um 80 bis 100 m tiefer liegt als der vergleichbare Schlag und dass der Untergrund von S_3 eine Moräne ist.

Das habituelle Bild des Windbruchs und S_4 ist verschieden. S_4 weist eine reihenweise Aufforstung, einen 50%-igen Deckungsgrad der Baumschicht und einen 90%-igen der Krautschicht auf, während der Windbruch über einen 80%-igen Deckungsgrad der Krautschicht verfügt, einer systematischen Aufforstung entbehrt, sondern innerhalb der Krautschicht verstreut kleine Fichtenbäumchen aufweist. Das Bodenprofil des Windbruchs zeigt einen 8 cm tiefen A_H - Horizont, der in seinem oberen Teil aus einem dichten Filz z.T. ausgewachsener Wurzelreste besteht. Das Wurzelgeflecht selbst ist von Bodenaggregaten spärlich ausgefüllt. S_4 weist einen

25 cm starken A_H-Horizont auf, der in seiner obersten Schicht
stark durchwurzelt und zum Teil von unzersetzten Pflanzenresten durchsetzt ist.

Die physikalischen Bodenfaktoren verhalten sich in S_3
und S_4 sehr verschieden, wodurch die Sonderstellung des Windbruchs gegeben ist. Porenvolumen, Luftkapazität und Frischwassergehalt nähern sich dem relativen Minimalwert von S_6,wäh
rend in S_4 Porenvolumen, Frischwassergehalt und Wasserkapazität ihre höchsten Werte erreichen. Ebenso weist die Bodentemperatur besonders in den Monaten August (18°C) und September
(15°C) relative Höchstwerte in S_3 auf, während sie in S_4 um
mehrere Grade tiefer liegt und sich nicht wesentlich von der
der anderen Schläge unterscheidet. Ausserdem betragen die
täglichen Temperaturschwankungen im Windbruch bis zu 8° in
der obersten Schichte des A-Horizontes, gegen $2,5^\circ$ in S_4.

Die Sonderstellung des Lebensraumes ist die Voraussetz
ung der Sonderstellung der Fauna in der Tiersukzession. Myria
poda, die vor allem von Porenvolumen, Wasserkapazität und
Frischwassergehalt abhängig sind und in S_4 eine hohe Abundanz
der Arten aufweisen, sind im Windbruch artenmässig wie zahlenmässig schlecht vertreten. Die Gruppe der Apterygota nimmt
eine Sonderstellung ein, vor allem durch den grösseren Artenreichtum gegenüber S_4. Das quantitative Vorkommen der Arten
ist geringer als in S_4 und vielfach auch geringer als in S_2.
Dieses Verhalten ist zu einem Grossteil Ergebnis der hohen
Temperatur und des niedrigen Frischwassergehaltes in S_3. Die
Gastropoden sind im Windbruch qualitativ wie quantitativ
schlechter vertreten als in S_4. Das hat seine Ursache in der
geringen Feuchtigkeit, sie nehmen aber keine Sonderstellung
wie Myriapoda oder Apterygota ein.

Zwischen einem Kahlschlag, der sofort wieder aufgeforstet wurde und einem gleich alten Windbruch mit natürlichem
Nachwuchs bestehen folgende Unterschiede:

1. Bodenphysikalische (Temperatur, Porenvolumen, Wasserkapazität, Frischwassergehalt) /Vergl.Abb. 1a, 1 b, 2 a, 2 b,
   3, 4, 5 und 6/

2. Floristische (Vergl. S. 28 bis 31)

3. Faunistische (Verschiebung der Häufigkeitsverhältnisse
   der einzelnen Tiergruppen den ökologischen Bodenfaktoren und Ernährungsverhältnissen entsprechend). /Vergl.
   S. 38 bis 57/.

Darstellung der Sukzession

Bei der Untersuchung verschieden alter Fichtenschläge bezw. Fichtenwälder (Stadien von einem Kahlschlag
bis zu einem Altbestand) in gleicher Exposition konnte ich
eine Tier-, Pflanzen-und Bodensukzession feststellen. Als
Voraussetzung dazu nahm ich an, dass der Entwicklungslauf,
der sich von einer Kahlschlägerung bis zu einem Hochwald
vollzieht, an entsprechenden Schlägen und Wäldern gleichzeitig beobachtet werden kann. Wie schon L e i t i n -
g e r - M i k o l e t z k y feststellte, besteht eine
stetige Sukzession der Flora vom Kahlschlag bis zum Hochwald. Mit Zunahme des Alters der Schläge nimmt der Bestand
der krautigen Pflanzen zu, bis in den Schlägen mittleren
Alters der Höhepunkt erreicht wird; mit dem Wachsen der
Bäume geht die Krautschicht zurück, bis in S_6 nur mehr wenige Formen zu finden sind. Zu dieser Entwicklung verhalten sich einige Tiergruppen parallel z.B. Gastropoden.An-
dere Gruppen, wie z.B. die Apterygoten weisen in ihrer
Entwicklung eine Proportionalität zur Bodenentwickelung
auf.

S_1 wie S_6 weisen einen kräftigen Nadelstreuhorizont
auf, der besonders in S_6 stark verpilzt ist. Nur gewisse
Tiere können in der Nadelstreudecke und dem Rendsinamoder
der tieferen Horizonte in S_1 leben. Wenige Schnecken er-
tragen die kargen Lebensbedingungen von S_1; es sind das
H y a l i n i a n i t i d u l a, V i t r e a s u b r i -
m a t a, H y a l i n i a p u r a, C l a u s i l i a
i n t e r r u p t a, F r u t i c i c u l a u n i d e n -
t a t a und I s o g n o m o s t o m a i s o g n o m o -
s t o m a. Relativ spärlich sind in diesem Schlag auch

die Myriapoden vertreten; die häufigsten Vertreter aus dieser Gruppe sind L i t h o b i u s   a e r u g i n o s u s, G e o p h i l u s   i n s c u l p t u s, S c o l i o p l a n u s   c r a s s i p e s, L e p t o p h y l l u m   n a n u m und L e p t o p h y l l u m   p e l i d n u m. Vertreter der Myriapoden sind vor allem an höhere Feuchtigkeit und reichlicheres Porenvolumen gebunden, Faktoren, die auf diesem Schlag niedrige Werte erreichen. Coleopteren sind vor allem durch die Arten O t h i o r h y n c h u s   f u s c i p e s, H y l a s t e s   c u n i c u l a r i u s   und H y l a s t e s   a t e r   vertreten. Enchytraen sind recht zahlreich. Apterygoten weisen ihre grösste Arten-und Individuenzahl in S_1 und S_6 auf, während sie in den Schlägen mittleren Alters absinkt. Als besonders typische Vertreter für S_1 erwähne ich A c h o r u t e s   c o r o n i f e r, A c e r e n t u l u s   t i a r n e u s, C a m p o d e a   s t a - p h y l i n u s   s.l., I s o t o m a   v i o l a c e a. Es sind jene Arten, die nur oder mit grösster Häufigkeit in S_1 oder in S_1 und S_6 auftreten.

In S_2, wo die Krautschicht recht kräftig ausgebildet ist, kann sowohl eine qualitative wie quantitative Vermehrung der Gastropoden gegen S_1 festgestellt werden. Arten, die in S_1 vorkommen, sind in S_2 wesentlich häufiger. So sind z.B. G o n y o d i s c u s   r o t u n d a t u s, C l a u s i l i a   i n t e r r u p t a, F r u t i c i c u l a   u n i d e n t a t a   recht häufig; mit geringer Häufigkeit kommen in S_2 E n a   m o n t a n a, C a r y c h i u m   t r i d e n t a t u m   neu hinzu. Myriapoda haben in diesem Schlag den grössten Artenreichtum, der allmählich über S_4, S_5 gegen S_6 abfällt. Wesentlich für die Sukzession scheint mir G e r v a i s i a   n o d u l i g e r a, die in S_2 und S_4 ihre grösste Häufigkeit aufweist und deren Vorkommen ich vor allem für feuchtigkeits-und nahrungsbedingt halte. Ebenso zeigen ·T r a c h y s o m a   c a p i t a, L e p t o p h y l l u m   n a n u m   und L e p t o p h y l l u m   p e l i d n u m   einen Anstieg ihrer Häufigkeit in diesen Schlägen. Die Gruppe der Apterygoten erfährt in S_2 eine qualitative wie quantitative Reduktion und ist somit hier am schlechtesten von allen Schlägen vertreten, was seine Ursache in der ungünstigen Wirkung der physikalischen

Bodenfaktoren auf diese Gruppe hat; die Umgestaltung des Bodens durch die Kahlschlägerung wirkt sich demnach bereits nach 3 Jahren aus.

Die günstigsten Bedingungen für Gastropoden bietet S_4 mit der qualitativ wie quantitativ grössten Anhäufung aller Arten, die auch in den Schlägen S_1,S_2,S_3,S_4,S_5 vertreten sind. Die Myriapoden sind gegenüber S_2 artenmässig seltener geworden, doch ist die Abundanz ihrer Arten eine recht beträchtliche, das besonders bei L e p t o p h y l l u m   p e l i d n u m, H a p l o g l o m e r i s   m u l t i s t r i a t a, G e r v a i s i a   n o d u l i g e r a und G e o p h i l u s   i n s c u l p t u s   zum Ausdruck kommt. Coleopteren sind recht häufig. Apterygoten zeigen bereits einen arten-wie zahlenmässigen Anstieg, der vor allem bei den Arten F o l s o m i a   q u a d i o c u l a t a, O n y c h i u r u s   a r m a t u s   v. i n e r m i s und K a l a p h o r u r a   b u r m e i s t e r i   zu verzeichnen ist.

S_5 bietet für Gastropoda wohl noch günstige Verhältnisse, was aus der Häufigkeit einzelner Arten ersichtlich ist, z.B. bei V i t r e a   s u b r i m a t a, doch ist bereits ein qualitativer wie quantitativer Rückgang angedeutet, der somit zu S_6 überleitet. Myriapoden weisen ein annähernd gleiches Verhalten wie in S_4 auf. Coleopteren hingegen sind schon recht selten geworden. Apterygoten bereiten schon durch ihre quantitative Vermehrung die maximale Anhäufung in S_6 vor.

In S_6 sind die Lebensbedingungen für die meisten Tiergruppen vom Optimum entfernt und daher macht die Biocönose dieses Schlages einen sehr einförmigen Eindruck. Gastropoden sind bis auf die ganz selten gewordene H y a l i n i a   n i t i d u l a   und G o n y o d i s c u s   r o t u n d a t u s   völlig verschwunden. Myriapoden sind recht selten geworden, auch die Arten L e p t o p h y l l u m   p e l i d n u m   und L e p t o p h y l l u m   n a n u m, deren Häufigkeit alle Arten immer überragt. Hingegen weisen Apterygoten ihre quantitative wie qualitative maximale Anhäufung auf. Für die Sukzession wesentlich zu

erwähnen erscheint mir F o l s o m i a   q u a d r i o -
c u l a t a , H y p o g a s t r u r a   a r m a t a , L e -
p i d o c y r t u s   l a n u g i n o s u s , E n t o m o -
b r y a   m a r g i n a t a , A c e r e n t u l u s   t i -
a r n e u s   und   I s o t o m a   v i o l a c e a . Diese
Arten haben ihre maximale Häufigkeit in S_6 und ihre mini-
male Häufigkeit in den Schlägen mittleren Alters oder
fehlen überhaupt in diesen. Das Ergebnis der Darstellung
dieser Sukzession ist folgendes:

1. Es besteht eine Tiersukzession, die parallel der Sukzession der krautigen Pflanzen verläuft und somit ihre
   maximale Entwicklung in den Schlägen mittleren Alters
   erreicht. Diese Feststellung bezieht sich auf die Tiergruppen: Gastropoden und Myriapoden.

2. Es besteht eine Tiersukzession, die parallel der Bodensukzession verläuft und somit ihre maximale Entfaltung
   im Hochwald erreicht. Diese Sukzession stellte ich für
   Apterygoten fest. Da die Bodenverhältnisse sich nur
   langsam ändern, weist der frische Kahlschlag nahezu dieselbe Verhaltensweise wie der Hochwald auf.

     L e i t i n g e r - M i k o l e t z k y   berücksich-
tigte bei der Untersuchung der Waldschläge vor allem die
an der Bodenoberfläche lebenden Tiere und die Bewohner der
Krautschicht und gelangte bei der Feststellung der Tiersukzession zu einer Dreiteilung der Schläge. Die 1. Gruppe
wird vom Kahlschlag gebildet, die zweite von den Schlägen
mittleren Alters und die dritte vom Hochwald. Dieser Einteilung steht die Zweiteilung der Schläge bei der Sukzession der Bodentiere gegenüber. Die 1. Gruppe wird von den
Schlägen mittleren Alters gebildet und die 2. Gruppe von
Kahlschlag und Hochwald. Dieser Unterschied ist in der un-
mittelbaren Abhängigkeit der Bodentiere vom Lebensraum be-
gründet.

     Neben der stetigen Sukzession, wie ich sie hier aus-
führte, ist die Aspektfolge der Flora und Fauna zu erwähnen. Floristisch tritt sie besonders klar in den Schlägen
mittleren Alters hervor, da diese eine gut entwickelte
Krautschicht aufweisen. Sie hat im Frühjahr nur einen geringen Deckungsgrad, der durch das allmähliche Wachstum der

Darstellung

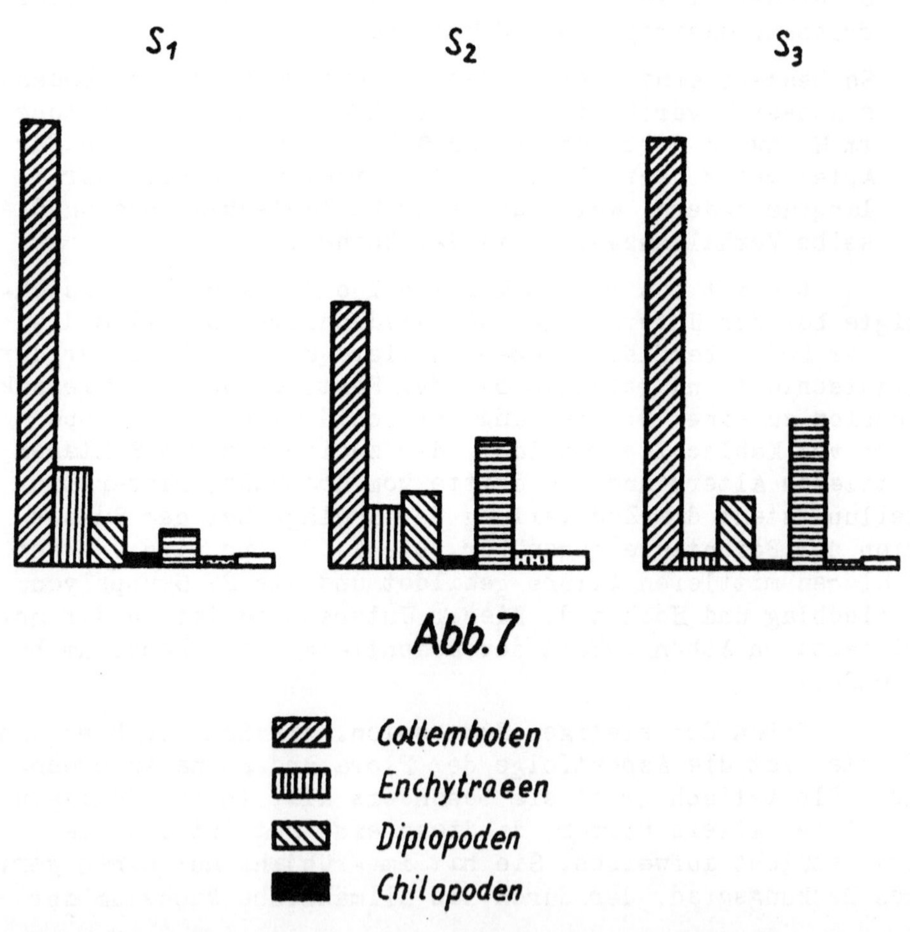

Abb. 7

der Sukzession

Abb.7

Gastropoden
Lumbriciden
Coleopteren
1 mm Höhe = 10 Tiere

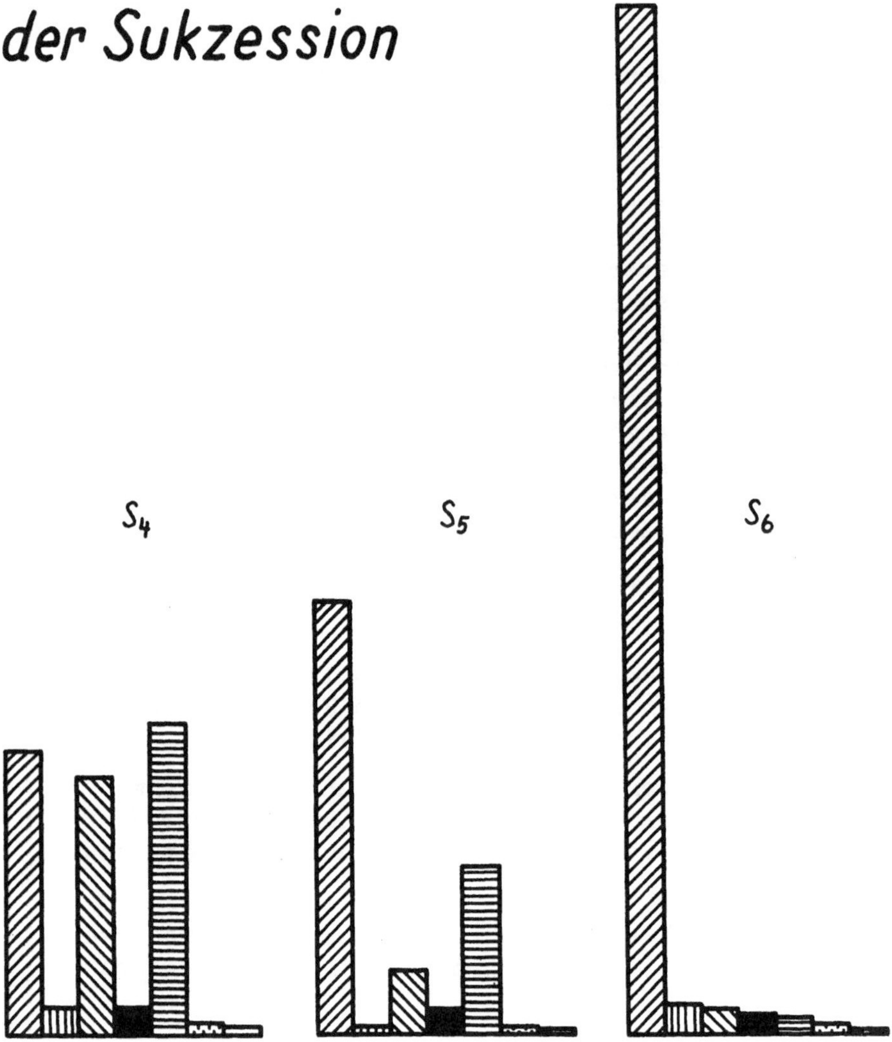

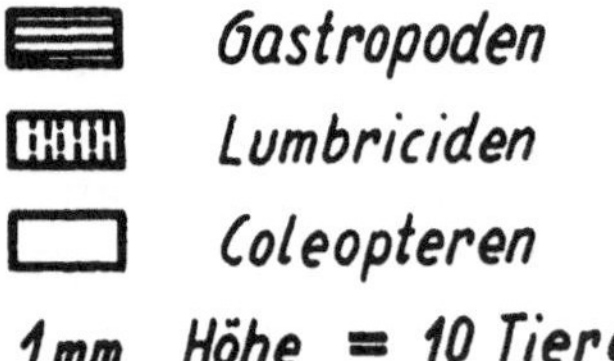

einzelnen Pflanzen sehr vermehrt wird. Der Entwicklungsrhytmus der Fauna scheint von der Flora nur zu einem geringen Teil abhängig zu sein, da seine Ursache im Fort-
pflanzungsrhytmus liegt, der durch Temperatur und Feuchtigkeit wesentlich beeinflusst werden kann. Bei der Be-
sprechung der einzelnen Tiergruppen habe ich das jahreszeitliche Auftreten eingehender besprochen. Bei allen
Tiergruppen lässt sich zu bestimmten Zeiten ein qualitatives wie quantitatives Minimum oder überhaupt ein Fehlen einer ganzen Gruppe wie bei Enchytraeen feststellen.
Bei Collembolen ist bei mittlerer Häufigkeit im Mai ein
zahlenmässiger Anstieg bis Juli und von einem Minimum im
August der Anstieg zum Maximum im September und eine neu-
erliche Abnahme der Häufigkeit im Oktober zu finden. Die
Folge des artenmässigen Auftretens der Apterygoten zeigt
von einer relativ geringen Artenzahl im Mai einen Anstieg
in den Monaten Juli, August, September und einen Abfall
gegen Oktober.

Ähnlich den Apterygoten verhalten sich die Enchytraeen, nur haben sie ihre maximale Häufigkeit nicht
wie diese im September sondern im Mai.

Coleopteren lassen eine allmähliche Zunahme von
Mai bis September erkennen, wo sie ihre grösste Häufig-
keit erreichen, während im Oktober nur mehr ganz wenige
Arten auftreten.

Demnach besteht auch eine mehr oder minder weitgehende Parallelität zwischen Aspektfolge der Flora mit
der der Fauna.

Z u s a m m e n f a s s u n g
==

Es wurden 4 verschieden alte Fichtenschläge, ein
Windbruch und ein Fichtenbestand, am Nordhang des Scheiblingsteins bei Lunz in Niederösterreich während der Vege-
tationsperiode 1947 untersucht. In dieser Arbeit wurde
eine Analyse der Bodentierwelt und deren Umwelt durchgeführt, wodurch man Kenntnis vom Verhalten der verschiede-

nen Tiergruppen und -arten unter dem Einfluss der Umwelt-
faktoren erhielt.

Die Schläge weisen eine Boden-, Pflanzen-und Tiersukzession auf. Die Tiersukzession verläuft bei einigen
Gruppen parallel der Bodensukzession, bei anderen parallel
der Pflanzensukzession. Die Analyse der physikalischen Bodenfaktoren ergibt eine Parallelwirkung zwischen zwei und
mehreren Faktoren, eine Wechselwirkung zwischen zwei und
mehreren Faktoren, einen lokalen und temporären Wechsel des
Minimumfaktors und die Spezifität des Minimumfaktors einer
Art oder Gruppe. Die Häufigkeit einer Art kann primär vom
Minimumfaktor oder vom Optimum abhängig sein, jedoch ist
die Summe aller wirksamen Faktoren für ihr Verhalten in allen Fällen wesentlich. Der Windbruch nimmt in der Sukzession eine Sonderstellung durch das Verhalten der Bodenfaktoren, der Flora und Fauna ein.

Die Aspektfolge der Flora und Fauna ist teilweise
parallel, teilweise ist aber der Entwicklungsrhytmus der
Fauna von der Flora unabhängig, dagegen jahreszeitlich gebunden. Die Untersuchung ergibt vom bodenkundlichen, floristischen und faunistischen Standpunkt eine Zweiteilung
der Schläge: Die erste Gruppe wird von den Schlägen mittleren Alters gebildet, und die zweite Gruppe von Kahlschlag
und Hochwald.
1. Gruppe: Nach der bodenkundlichen Beurteilung sind es Bö-
    den mit unvollständiger Entwicklung. Dem A-Horizont
    fehlt Förna und F-Horizont und der A-Horizont ist dem C-
    Horizont direkt aufgelagert.
Nach der floristischen Beurteilung sind es Schläge, deren
Krautschicht einen hohen Deckungsgrad aufweisen und die eine
gut ausgebildete Moosdecke haben.

In diesen Schlägen haben Gastropoden und Diplopoden
ihre maximale Entwicklung.
2. Gruppe: Der Boden zeigt das Normalprofil einer braunen
    Rendsina. Die Krautschicht ist minimal entwickelt.Ap-
    terygoten haben ihre maximale Entwicklung, während die
    übrigen Tiergruppen stark zurücktreten.

Literaturverzeichnis

Agrell, I., 1941   "Zur Ökologie der Collembolen. Untersuchungen in Schwedisch-Lappland". Opuscula Ent. Suppl.III, VIII

Bodenheimer und Schenklin, D., 1928   " Temperaturabhängigkeit von Insekten". Zeitschrift f.vergl. Physiol.,Bd.8

Buddenbrock v., W., 1937   "Grundriss der vergleichenden Physiologie". Bornträger, Berlin

Diem, K., 1903   "Untersuchungen über die Bodenfauna in den Alpen". Dissertation Zürich

Dogel u.Effremoff, G., 1925   "Versuche einer quantitativen Untersuchung der Bevölkerung im Fichtenwald". Trav.Loc.Nat. Leningrad. Vol.55,Liv.2, Sect.Zool.Physiol.

Franz, H., 1943   "Bildung von Humus aus pflanzlichem Bestandesabfall und Wirtschaftsdünger durch Kleintiere". Sonderabdruck Zeitschrift Bodenkunde und Pflanzenernährung, Bd.32, H. 6

"   "   1942   "Untersuchungen über die Bedeutung der Bodentiere für die Erhaltung und Steigerung der Bodenfruchtbarkeit". Forschungsdienst 13

"   "   1944   "Bodenzoologie als Forschungszweig der Bodenkunde". Bodenkundl. Forschgen. Berlin. Bd.8, No. 2/4

Frenzel. G., 1936   "Untersuchungen über die Tierwelt des Wiesenbodens".

Friedrichs, K., 193o   "Die Grundfragen und Gesetzmässig-
keiten der land-und forstwirtschaft-
lichen Zoologie".
Bd. 1,2, Parey, Berlin

Geiger, R., 1942   "Klima der bodennahen Luftschidt".
Vieweg, Braunschweig

Gisin, 1943   "Die Bedeutung der Collembolen in
der Erforschung terrestrischer Le-
bensgemeinschaften".
Verh. Schweiz Natf. Ges.Sitten

"   1943   "Ökologie der Collembolen".
Erv. Suisse d.Zool.Tom.5o

Houchecorne, F., 1927   "Studien über die wirtschaftliche
Bedeutung des Maulwurfes".
Zeitschr.Morph.u.Oekol.d.Tiere,
Bd.9

Herter, K., 1924   "Untersuchungen über den Temperatur-
sinn".
Zeitschr. vergl. Physiol., Bd.1

Hoffmann, R.W., 1931   "Die Tiere" (Leben und Wirken der
für den Boden wichtigen Tiere).
Handb.d.Bodenlehre, Bd.7,

Keup, E., 1913   "Ernährung und Lebensweise der Re-
genwürmer in ihrer Bedeutung für
die Landwirtschaft".
Mitt.dtsch.landwirtsch.Ges.28,Bd.
1913

Krausse, A., 1928   "Collembolen des Waldbodens".
Int.Ent.Zeitschr. Guben Jg. 22

Kubiëna, W., 1948   "Entwicklungslehre des Bodens".
Springer, Wien

Kühnelt, W., 1949   "Über die Beziehungen zwischen Tier-
und Pflanzengesellschaften".
Biologia generalis 17, 566-593

Kühnelt, W., 1943   "Die Leitformenmethode in der Ökologie der Landtiere".
Biologia generalis, 17:1o6-146

"   "   1948   "Der Anteil der Tierwelt am Stoffum-
satz im Boden".
Die Bodenkultur, 2.Jg., H.1:49-53,
Wien

"   "   1949   "Ökologische Besonderheiten der Tier-
welt von Landböden".
XIII. Congr. internat.d. Zoologie
(Paris 1948):562

Leitinger-Mikoletz-   "Tiersukzession auf Fichtenschlägen".
ky, E., 194o   Zool.Jb.Abt.Syst.,Oekol.u.Geogr.d.
Tiere. Bd.73, H.5/6

Lengerken, H.,   "Coleoptera".
In Schulze: Biolog.d.Tiere Deutschlands, Bd. 9,

Mazek-Fiala,K.,   "Die Körpertemperatur poikilothermer
1941   Tiere".
Ztschr.wiss.Zool.Bd.154.

Nieschulz, O., 1933   "Über die Bestimmung von Vorzugstemperatur von Insekten".
Zool.Anz.1o3-1o4

Payne, N.M., 1927   "Freezing and survival of insects at
low temperatures".
Quart Rev.Biol.Bd.1 Baltimore

Puchner, H., 1926   "Bodenkunde für Landwirte".

Ramann, E., 1911   "Bodenkunde".
J. Springer, Berlin

Renkoven, O.,1938   Statistisch-ökologische Untersuchungen über die terrestr.Käferwelt
d. finn. Bruchmoore."
Ann.Zool.Soc.zool.-bot.Fenn.Vanamo,
Bd.6 Kr.1-Helsingfors

Ruttner, A.,   "Geologie des Dürnsteingebietes".
                    Mitt.Sekt.Hoohwacht d.dtsch.u. österr.
                    Alpenvereines.

Sacharov, N.,   "Studies in the cold restistence in
1930   insects."
                    Biology Bd.11. Brooklyn

Schubart, C.,   "Tausendfüsser oder Myriapoda".
1934   In Dahl: Tierwelt Deutschlands

Schubert, K.,   "Ökologische Studien an schlesischen
1933   Apterygoten".
                    Dtsch.entom Ztschr.

Siegrist, 1936/37   "Zur Biologie des Salzlakengebietes."
                    Aus d.Arbeit v.Franz Höfler, Scherf.Verh.
                    d.zool.bot.Ges.Wien

Strebel, O.,   "Beiträge zur Biologie, Ökologie und Phy-
1932   siologie einheimischer Collembolen".
                    Morph.-Oekol. Vol.25

Thienemann, A.,   "Lebensgemeinschaft und Lebensraum".
1918   Naturwiss.Wochenschrift.

Tullgreen, E.,   "Ein sehr einfacher Ausleseapparat
1918   für terricole Tierformen".
                    Ztschr.angew.Entom.Vol.4

Verhoff, K.W.,   "Diplopoda.In Klassen und Ordnung des
1928   Tierreiches".
                    Bd.5, 1.u.2.Teil. Akademische Verlags-
                    gesellschaft Leipzig

Volz, P., 1934   "Untersuchungen von Mikroschichten der
                    Fauna von Waldböden".
                    Zool.Jb. System Bd.66.

Aus der Bundesanstalt für alpine Landwirtschaft
in Admont
(Leiter: Univ.Prof.Dr.A. Z e l l e r)
==

Grössere Kartoffeln aus geschnittenem Saatgut ?

Von G. Jähnl

Die Ansichten über Vor-und Nachteile des Schneidens der Kartoffelknollen vor dem Auslegen,gehen weit auseinander. K o p e t z erwähnt (3), dass in unseren Landstrichen das Schneiden der Kartoffelknollen eine Notmassnahme sei und die Ansicht von Amerikanern ganz im Gegensatz dazu steht. Letztere bauen geschnittenes Saatgut an, weil sie grossknollige Ernten erhalten wollen. Auf dem amerikanischen Markt wird grossknollige Ware verlangt. Das kommt wohl daher, weil die dort übliche Form der Kartoffelzubereitung darin besteht, die gewaschenen Kartoffeln auseinanderzuschneiden und zu braten. Für eine solche Zubereitung ist die Knollengrösse, wie wir sie für Speisezwecke bevorzugen, natürlich viel zu klein und darum nicht erwünscht. Dazu eignen sich nur grosse, 2o dkg, 25 dkg und noch mehr wiegende Knollen. Wenn auch nicht in so grossem Masstab wie in Amerika, so ist doch auch bei uns schon da und dort einmal der Wunsch nach grossknolligen Kartoffelernten laut geworden und es ist darum auch für unsere Praxis von Interesse zu wissen, welche Wege zur Erfüllung dieses Wunsches führen. Mit dem Problem des Schneidens von Saatkartoffeln beschäftigen sich in jüngster Zeit Arbeiten aus aller Welt.(1,2,4,5,6).

Ein Versuch des Anbaujahres 1949 der Bundesanstalt Admont lässt sich teilweise zur Beantwortung unserer Frage heranziehen. Im Versuch standen die beiden Frühsorten Frühbote und Böhms Allerfrüheste. Von beiden Sorten wurde ein Teil der Knollen vor dem Vorkeimen geschnitten und ein

Teil nach dem Vorkeimen. Die Schnittebene lag parallel zur Längsachse der Knolle. Es erhielt also jede Knollenhälfte einen Teil der Krone und einen Teil des Nabelendes. Im Herbst wurden von den Erträgen jeder Parzelle 2o kg willkürlich herausgegriffen und auf Knollengrösse untersucht. Die Knollen wurden einzeln gemessen und in 3 Grössenklassen eingeteilt.

Diese Grössenkategorien waren:

1. Knollen unter 4 cm
2. Knollen zwischen 7 und 4 cm
3. Knollen über 7 cm

Aus jeder Wiederholung wurde die Menge von Knollen dieser drei Grössenklassen errechnet und in Prozenten angegeben. Daraus ergibt sich folgendes Bild:

	Wiederholung	Frühbote			Böhms Allerfrüheste		
		über 7 cm	4 - 7 cm	unter 4 cm	über 7 cm	4 - 7 cm	unter 4 cm
geschnitten	a	1o,o %	65,7 %	24,3 %	6,3 %	78,8 %	15,o %
	b	3,5 %	51,5 %	45,o %	1o,o %	75,5 %	13,5 %
	c	8,o %	59,o %	33,o %	6,o %	73,o %	16,o %
	d	3,o %	52,o %	45,o %	7,5 %	76,o %	16,5 %
	M±m:	6,12 ± 1,71	57,05±3,35	36,82±5,42	7,45 ± 0,9o	77,57±0,65	15,25±0,66
ungeschnitten	a	18,o %	57,o %	15,o %	1,5 %	7o,o %	29,o %
	b	12,o %	69,5 %	18,5 %	3,5 %	78,o %	18,5 %
	c	12,o %	67,o %	21,o %	1,5 %	74,o %	24,5 %
	d	15,8 %	6o,8 %	23,5 %	3,5 %	75,o %	21,5 %
	M±m:	14,45 ± 1,48	66,07±1,89	19,5±0,57	2,5o±0,57	74,25±1,65	23,37±2,66
Zufallswahrscheinlichkeit für die gefundene Differenz zwischen geschnittenem und nicht geschnittenem Saatgut							
		1 %	6 %	1,8 %	0,35 %	13 %	2,5 %

Die Sorte **Böhms Allerfrüheste** brachte nach Anbau von zerschnittenen Knollen prozentuell mehr grosse (über 7 cm) als nach Anbau ungeschnittener Knollen. Mit Hilfe des t - Testes lässt sich zeigen, dass dieser Unterschied mit 0,35 % statistisch gesichert ist. Anders verhält es sich bei den anderen Grössenklassen. In den Ernteprozenten der mittleren Grösse rief das Schneiden keine Differenzen hervor. Die nicht geschnittenen Knollen brachten prozentuell mehr kleine (bis 4 cm) als die vor dem Anbau geschnittenen Knollen. Auch dieser Unterschied ist gesichert und zwar mit 2,6 % Zufallswahrscheinlichkeit.

Nahezu vollständig gegenläufig verhielt sich die Sorte Frühbote. Hier ergaben die vor dem Anbau nicht geschnittenen Knollen mehr grosse als kleine Kartoffeln,die Differenz ist mit 1 % Zufallswahrscheinlichkeit gesichert. Die zerschnitten angebauten Knollen lieferten mit 1,8 % Zufallswahrscheinlichkeit mehr kleine Knollen als die ungeschnittenen. Der Unterschied in der mittleren Grössenklasse ist nur mit 6 % Zufallswahrscheinlichkeit gesichert und zwar ergaben die ungeschnitten gebauten Knollen mehr mittelgrosse Knollen als die geschnitten angebauten.

Daraus ergibt sich, dass sich die beiden Frühsorten Frühbote und Böhms Allerfrüheste gerade gegensinnig verhalten. Die zerschnittenen Knollen ergaben bei Frühbote mehr kleine Knollen als die ungeschnittenen. Die Sorte Böhms Allerfrüheste hingegen brachte von den zerschnitten angebauten Knollen mehr grosse als die ungeschnitten gelegten Knollen. Ob und wo hier eine Gesetzmässigkeit liegt wird sich erst nach mehrjährigen Versuchen und Wiederholungen an verschiedenen Orten feststellen lassen.

Admont, im März 1950

Literaturverzeichnis

1) Boock, Olavo J.,   Corte de tubérculos de batatinha (Solanum tuberosum L.), Partie I. - ESTUDOS COMPARATIVOS SOBRE PLANTIO DE TUBERCULOS INTEIROS, E CORTADOS EM "APICE" E "BASE", Bragantia, Vol.7,Nr.1, S.1-14, 1947

2) "   "   "   Corte de tubérculos de batatinha (Solanum tuberosum L.), Partie II. - ESTUDOS COMPARATIVOS SOBRE O PLANTIO DE TUBERCULOS INTEIROS E CORTADOS NO SENTIDO "LONGITUDINAL", Bragantia, Vol.7,Nr.7-8, 1947, S.179-2o6

3) Kopetz, L.M.,   "Sollen Saatkartoffeln geschnitten werden ?" Die Landwirtschaft, Jg. 1949, Nr. 23/24, S.366-67

4) Nattrass, R.M.,   The cutting and treatment of seed potatoes (in Kenya). E.Afr.agric.J. 1949, 14, S.219-22

5) Pozdena, L.,   "Ein Sortenversuch mit Kartoffeln - und was man daraus lernen kann !" Der Pflug, 2.Jg., H.6, 1949, S. 112

5) Sessous, G.,   "Schneiden der Saatkartoffeln und ihre zweckmässige Grösse". Mitt.Landw.Berlin, 51, H.2o, 1936, S. 441-442.

Aus der Bundesanstalt für alpine Landwirtschaft
in Admont
(Leiter: Univ.Prof.Dr. A. Z e l l e r)

==

Über Schneiden und Vorkeimen von Saatkartoffeln

Von G. Jähnl

Im Kartoffelbau wird immer wieder die Frage aufgeworfen, ob das Schneiden von Saatknollen rentabel und damit empfehlenswert ist. Es kommt häufig vor, dass die für den Anbau bestimmten Kartoffeln an Zahl zu wenig und überdies als Saatknollen zu gross sind. Der Bauer steht nun vor der Wahl entweder die grossen Knollen, die er lieber unmittelbar in der Wirtschaft verwertet hätte, unzerschnitten als "Samen" zu verwenden und mit der unzureichenden Anzahl nur ein kleineres Stück Acker zu bebauen als es ihm nötig oder wünschenswert erscheint oder, falls er nicht zukauft, die vorhandenen Kartoffeln zu zerschneiden.

Will man sich mit dem hieraus entstehenden Problem befassen, so merkt man sehr bald, dass es sich nicht um eine, sondern um eine ganze Reihe von Fragen handelt. Hat der Bauer nur grosse Saatknollen und will oder muss er sie als Saatgut verwenden, dann steht ja nicht nur der Erfolg des Schneidens der Saatknollen zur Debatte, sondern auch die Schneideart; wie soll man schneiden - längs, quer oder schräg - wann soll man schneiden - knapp vor dem Auslegen oder schon einige Tage früher ? Eng verbunden damit sind die Fragen des Vorkeimens - hier wiederum der Licht-und Dunkelkeimung - und der besten Grösse der Saatknollen.

Versuche, die im Zusammenhang mit diesem Fragenkomplex im Jahre 1949 an der Bundesanstalt für alpine Landwirtschaft in Admont begonnen wurden, sind im Jahre 1950 und 1951 fortgesetzt worden. Unser Bestreben war es, dabei

möglichst viele Fragestellungen und möglichst viele Wech-
selwirkungen in einem Versuch zu vereinen. Aus diesem
Grunde wurden innerhalb eines Versuches drei verschiedene Schneidearten:

<u>ganz</u> gelassen

<u>quer</u> geschnitten

<u>längs</u> geschnitten

drei verschiedene Schneidezeiten:

<u>nicht</u> geschnitten

<u>lange</u> (14 Tage) vor dem Legen ge-
schnitten

<u>kurz</u> vor dem Legen geschnitten

und drei verschiedene Vorkeimungen:

<u>nicht</u> gekeimt

bei <u>Licht</u> vorgekeimt

im <u>Dunkeln</u> vorgekeimt

durchgeführt. Aus diesen eben angeführten Behandlungsarten ergaben sich durch Kombination untereinander 15 verschiedene Vorbehandlungen. (Knollen, die nicht geschnitten
wurden, werden in der Arbeit der Einfachheit halber als
"ganz" bezeichnet. Die Behandlungsweise wird in der Folge
immer in telegrammstilartiger Kürze genannt, oder durch
Zeichen wiedergegeben, um durch lange Bezeichnungen das
Lesen nicht zu erschweren),

Die 15 Behandlungsarten, ihre Abkürzungen und ihre
im folgenden verwendeten Zeichen sind:

⊙ ganz, nicht gekeimt

⊙ ganz, licht gekeimt

⊙ ganz, dunkel gekeimt

◎ quer,lang,nicht gekeimt   ◯ quer,kurz,nicht gekeimt

⊙ quer,lang,licht gekeimt   ◯ quer, kurz, Licht

⊙ quer,lang,dunkel gekeimt   ◯ quer, kurz, Dunkel

⦰ längs,lang,nicht gekeimt   ◖ längs,kurz,nicht gekeimt

⦰ längs, lang, Licht   ◖ längs, kurz, Licht

⦰ längs, lang, Dunkel   ◖ längs, kurz, Dunkel

Um beim Schneiden der Knollen nicht Krankheiten von einer Knolle auf die andere zu übertragen wurde das Messer nach bezw. vor jedem Schnitt in Alkohol getaucht. Die nicht vorgekeimten Knollen wurden im Keller belassen, die zur Vorkeimung bestimmten in das Glashaus gebracht. Für die Lichtkeimung legten wir die Kartoffeln, geschnittene und ungeschnittene möglichst nur in einer Schichte in grosse Kisten und setzten sie dem Tageslicht aus. Die Kartoffeln für die Dunkelkeimung wurden ebenfalls in Kisten ins Glashaus gestellt, aber übereinander und die einzelnen Kistenstappel wurden ringsum mit schwarzen Papier verhangen.

Am Tage des Auslegens wurden kleine Kartoffelproben von den verschieden vorbehandelten Knollen photographiert. Durch die Gegenüberstellung der Bilder gewinnt man einen schönen Überblick. Zwei Behandlungen sind nicht photographiert worden. Es sind die "quer, kurz, nicht gekeimten" und die "längs, kurz, nicht gekeimten", weil sie ja an diesem Tag noch mit den "ganz, nicht gekeimten" identisch waren. Die "Nichtgekeimten" sahen untereinander gleich aus, ebenso natürlich die "Lichtgekeimten" untereinander und die "Dunkelgekeimten" untereinander, unabhängig von verschiedener Schnittweise. Alle 14 Tage früher geschnittenen Knollen erschienen, wie zu erwarten war, stärker gewelkt als die übrigen Knollen.

ganz, nicht vorgekeimt

ganz, Licht

ganz, Dunkel

quer, kurz, Licht

<u>Frühbote</u>

quer, kurz, Dunkel

    Zwischen den beiden im Versuch des Jahres 1950
verwendeten Sorten Frühbote und Naglerner Frühgold bestand ein grosser Unterschied. Die Knollen der Sorte
Naglerner Frühgold hatten schon auf dem Winterlager an-
sehnliche Keime gebildet, so dass die Überstellung in
den Vortreibraum, bei der Einwirkung von Tageslicht auf
die jungen Keime nicht verhindert wurde, schon eine
teilweise Umstimmung der Keime zu Lichtkeimen verursach-
te. Hierdurch wirkte anscheinend das Vortreiben im Glashaus eher hemmend als fördernd auf die Keimentwicklung
und die Unterschiede zwischen "Nichtgekeimten" und verschiedenen Vorgekeimten kam nicht so deutlich zum Ausdruck wie bei der Sorte Frühbote.

Alle, wie immer auch vorbehandelten Knollen wurden am 9. Mai 1950 bezw. 11. Mai 1951 in einheitlich vorbereitete Furchen gelegt. Die einzelne Parzelle war 2,6o x 4,8o m gross und umfasste bei einer Standweite von 6o x 4o cm 48 Pflanzstellen. Jede Behandlung wurde in 3 (1950) bezw. 5 (1951) Wiederholungen angelegt.

Die Sorten Frühbote, Naglerner Frühgold und Böhms Allerfrüheste wurden vollständig gleich behandelt. Zuerst soll die Sorte Frühbote besprochen werden.

Die Untersuchung der Erträge ergibt, dass die Mittelwerte der Kontrolle und der "ganz, dunkel"-Behandlung vollständig gleich sind. Der Unterschied zwischen diesen beiden Behandlungsarten bestand ja nur darin, dass die "ganz, dunklen" Knollen 14 Tage bei etwas höherer Temperatur als die Kontrollen gelagert waren. Zugleich sind es aber die höchsten Erträge. Alle anderen Behandlungsarten brachten niedrigere Erträge. Insgesamt wiesen von allen 15 Behandlungen 60% signifikant niedrigere Ernten auf als die Kontrolle. Diese Angabe gilt für die Annahme der 5 %-Signifikanzgrenze (das heisst bei Wiederholung des Versuches werden voraussichtlich von 1oo Versuchen 95 Versuche ein gleiches oder ähnliches Ergebnis bringen). In diesem Fall kann man daher nicht von einer positiven Auswirkung des Schneidens sprechen.(Fig.1)

Um die Wirkung der verschiedenen Behandlungen bezüglich des Vorkeimens auf den Ertrag zu erfassen, wurden die Erntegewichte aller Ungekeimten, aller Lichtgekeimten und aller Dunkelgekeimten miteinander verglichen. In der Gruppe der Ungekeimten waren alle Behandlungen ohne Vorkeimung vereinigt, unabhängig von ihrer übrigen Vorbehandlung. Die beiden anderen Gruppen waren analog gebildet worden. Die Ergebnisse dieser Untersuchung veranschaulicht Fig. 2. Die höchsten Erträge weisen die ganz belassenen Knollen auf.

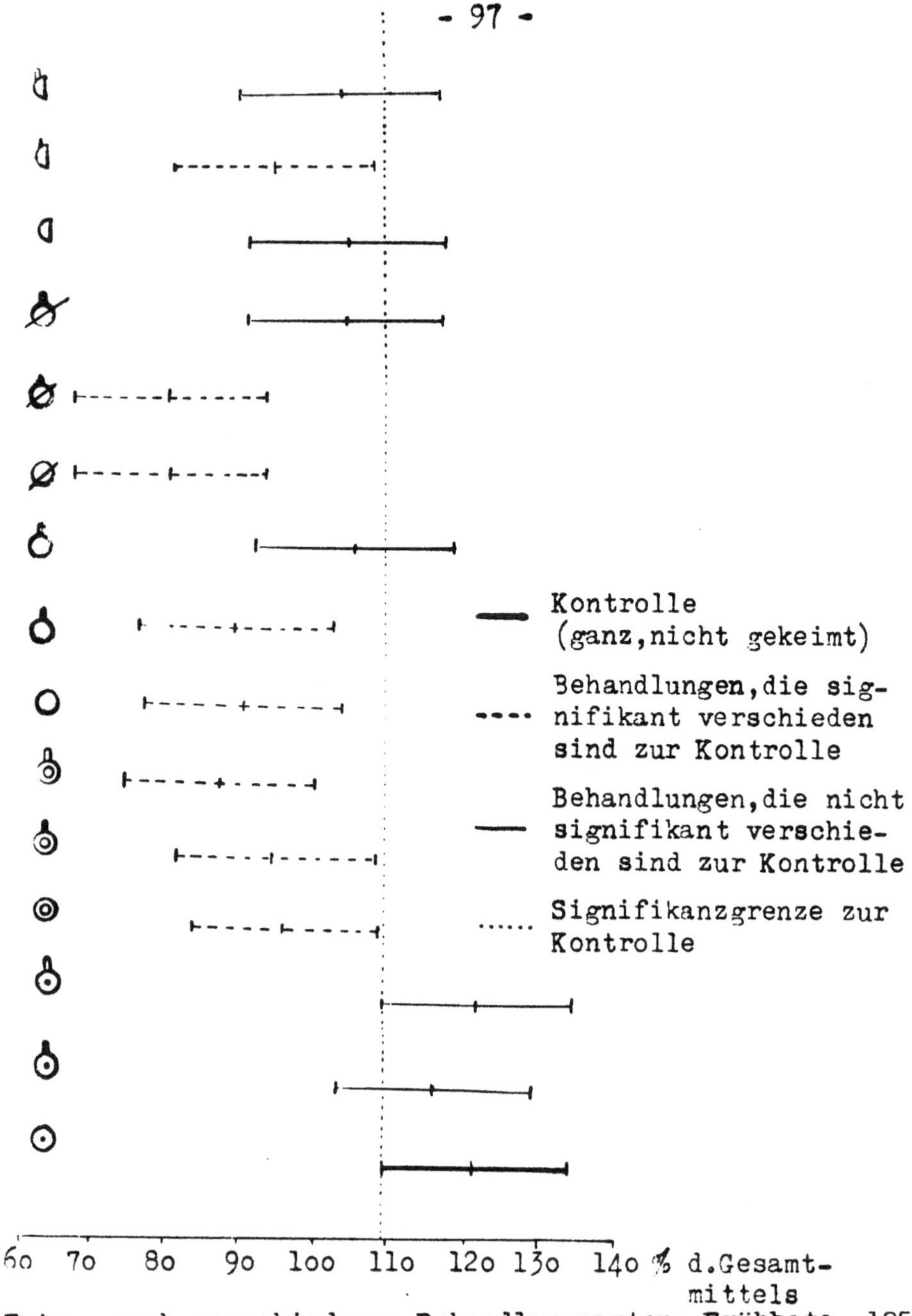

Ertrag nach verschiedenen Behandlungsarten; Frühbote, 195o.

Fig. 1

(Erklärung siehe Seite 121).

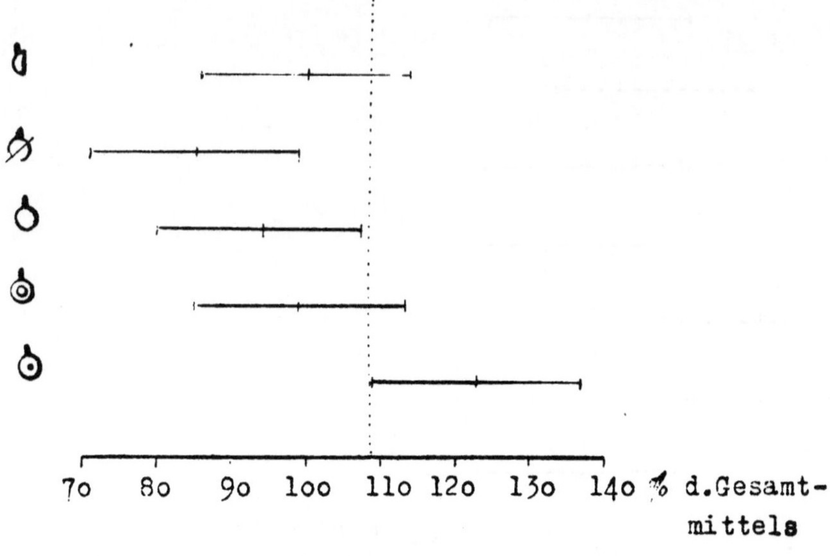

licht gekeimt

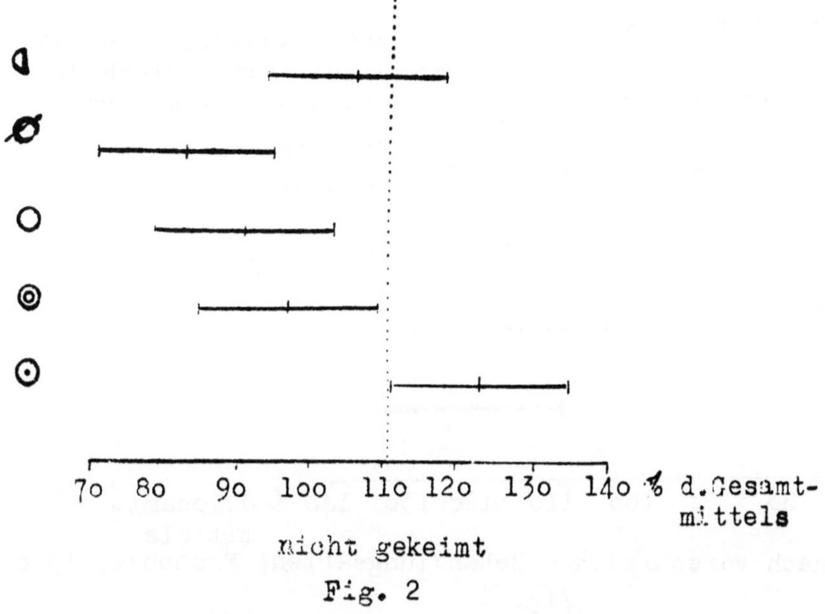

nicht gekeimt

Fig. 2

········ Signifikanzgrenzen der Ungeschnittenen

Ein Unterschied besteht nur insofern als es innerhalb der
Nichtgekeimten und innerhalb der Lichtgekeimten signifikante Differenzen gibt und innerhalb der Dunkelgekeimten
keine. Die auftretenden signifikanten Differenzen liegen
alle in einer Richtung und zwar brachten die ungeschnittenen Knollen unter der Annahme der 5 %-Signifikanzgrenze
einen statistisch gesichert höheren Ertrag. (Fig. 2).

Es sollte aber nicht nur der Parzellenertrag festgehalten werden, sondern auch der durchschnittliche
S t a u d e n e r t r a g und die K n o l l e n a n -
z a h l je Pflanze. Um die nötigen Beobachtungen machen
zu können wurden die ersten 1o Pflanzen jeder Parzelle
einzeln geerntet; der Ertrag je Pflanze gewogen und ge-
zählt. Aus den 1o Pflanzen pro Parzelle und der dreifa-
chen Wiederholung erhielt man für jede Behandlungsart 3o
Werte, (3o Gewichte und 3o Anzahl-Werte) die zur Mittel-
wertberechnung verwendet wurden. (Fig. 3).

Die erhaltenen Mittelwerte und die entsprechenden
kleinsten signifikanten Differenzen für 5 % Zufallswahrscheinlichkeit sind in Fig. 3 graphisch dargestellt. Die
Gegenüberstellung der Knollenanzahl und der Knollengewichte gibt eine nahezu spiegelbildliche Anordnung. Ernten
mit viel Knollen bestanden aus kleinen Knollen und solche
mit wenig Knollen umfassten im Durchschnitt grössere Knollen. Dieser Umstand war zu erwarten und ist erklärlich,
sobald das Gesamterntegwicht der einzelnen Behandlungen
nicht wesentlich schwankt, wie dies im Grossen und Ganzen
im vorliegenden Versuch der Fall ist. Die Kontrolle und
die Behandlung "längs, kurz, nicht gekeimt" fallen in
der Übersicht in Fig. 3 stark heraus. Sie haben beide
allen anderen Behandlungen gegenüber signifikant höhere
Knollenanzahl und 9 Behandlungen gegenüber signifikant
niedrigeres Knollengewicht. Zu erwähnen ist noch, dass
innerhalb der Behandlungen mit gleicher Schnittrichtung
und gleicher Schnittzeit die nicht vorgekeimten Knollen
in einigen Fällen kleinere, aber mehr Knollen brachten
als die beiden Behandlungen mit Vorkeimung.

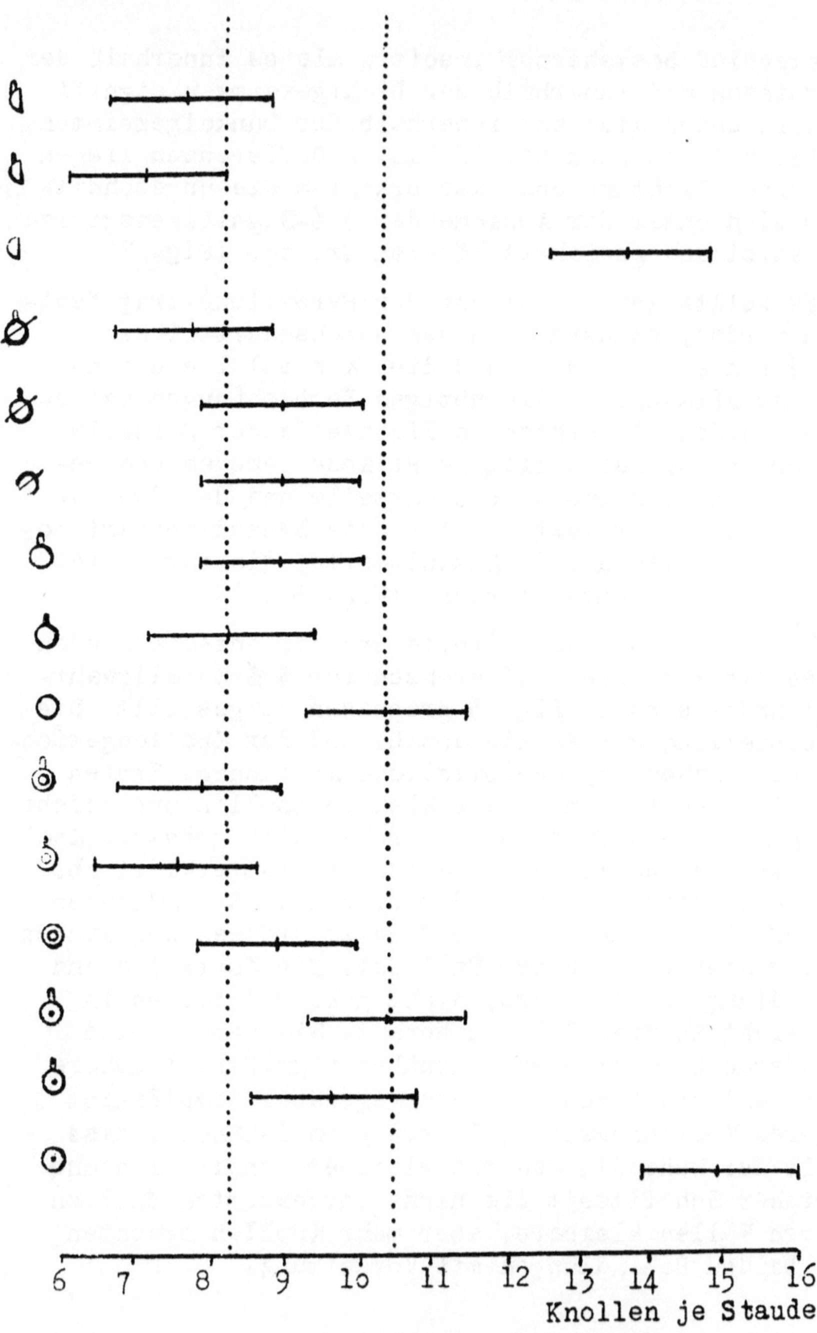

Mittlere Knollenanzahl je Staude
Fig. 3a

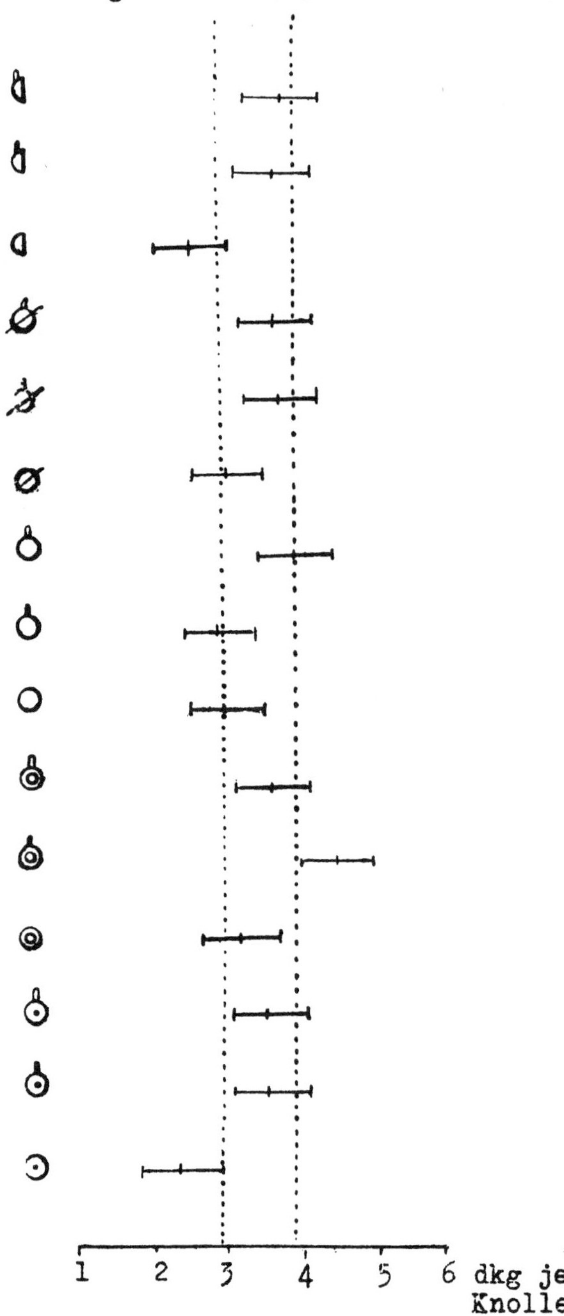

Mittleres Einzelknollengewicht

Fig. 53

Im Anschluss an frühere Versuche, die unter etwas anderem Gesichtspunkt nur teilweise zur Veröffentlichung kamen (G. Jähnl : "Grössere Kartoffeln aus geschnittenem Saatgut ?". Veröffentlichungen der Bundesanstalt für alpine Landwirtschaft in Admont, Heft 6, Seite 86) wurden die Erträge auch auf ihre K n o l l e n g r ö s s e untersucht. Zu diesem Zweck teilten wir die Kartoffeln in 3 Grössenklassen ein; Knollen über 7 cm, zwischen 7 und 4 cm und kleiner als 4 cm. Von jeder Parzelle wurde eine Probe nach diesen 3 Grössenklassen sortiert, gewogen und das Gewicht jeder dieser Klassen in Prozenten ausgedrückt. Ein Vergleich der so gewonnenen mittleren Prozentwerte zeigt, dass die Knollen der mittleren Grössenklasse bei jeder Behandlung einerseits den grössten Teil der Ernte ausmachen und andererseits von Behandlung zu Behandlung nicht nennenswert schwanken. Die grossen und die kleinen Knollen hingegen schwanken durchschnittlich von 6 - 17 % bezw. von 11 - 23 %. Das bedeutet, dass die verschiedene Behandlung die Hauptmasse der Ernte nicht wesentlich beeinflusst. Ein Vergleich innerhalb der beiden anderen Grössenklassen, der grössten und der kleinsten Knollen, weist Unterschiede, zum Teil auch signifikante Unterschiede auf. Nennenswert davon erscheint nur, dass bei einem Vergleich der Gesamtheit aller Schneide-Behandlungen mit allen Nichtschneide-Behandlungen kein Unterschied zwischen den Anteilen der kleinen Knollen bestehen, wohl aber innerhalb der grossen Knollen. Im Mittel brachten die Behandlungen ohne Schneiden signifikant mehr grosse Knollen als die Behandlungen mit Schneiden.

1949 wurde mit Frühbote ein ähnlicher, jedoch weniger umfangreicher Versuch gemacht. Stellt man in diesem Versuch dieselben Vergleiche an, so ergeben sich einige Übereinstimmungen und einige Unterschiede. Das Versuchsergebnis des Jahres 1949 ist insofern ähnlich als die mittelgrossen Knollen unabhängig von der Vorbehandlung mehr als 5o % der gesamten Ernte ausmachten, jedoch weniger als im Jahr 195o. Übereinstimmend ist ferner, dass

mehr kleine als grosse Knollen entwickelt wurden und die
ungeschnittenen Knollen statistisch gesichert mehr grosse Knollen brachten als die geschnittenen Knollen. Ein
Unterschied zu den Versuchsergebnissen des Jahres 195o
besteht in der Anzahl der kleinen Knollen. Die Geschnittenen ergaben 1949 signifikant mehr kleine Knollen als
die Ungeschnittenen.

Um festzustellen, ob die verschiedenen Vorbehandlungen auf den S t ä r k e g e h a l t einen Einfluss
ausüben wurde er von jeder Parzelle bestimmt. Da die
Schwankungen aber nur in den Zehnteln liegen, wurden sie
nicht weiter untersucht und werden hier nicht angeführt.

Der gleiche Versuch wurde auch mit der Sorte Naglerner Frühgold gemacht. Leider konnten einige Parzellen
dieses Versuches nicht voll ausgewertet werden und überdies hatten wir diese Sorte 1949 nicht im Schneidever-
such, so dass über diese Sorte weniger gesagt werden
kann. Das vorhandene Material soll aber doch angeführt
werden, damit sich die Ausführungen auf mehrere Sorten
beziehen.

Die Erträge der Sorte Naglerner Frühgold wurden
auch nach der Varianzanalyse berechnet. Es zeigte sich
dabei, dass zwischen einzelnen Behandlungsarten signifikante Unterschiede bestehen. Das Verhältnis ist ähnlich wie bei der Sorte Frühbote. Die ungeschnitten angebauten Knollen brachten den höchsten Ertrag. Ausserdem zeigt Fig. 4, dass alle Behandlungen mit Querschneiden sehr ähnliche Mittelwerte ergaben, ebenso die Ungeschnittenen und die Längsgeschnittenen untereinander.

Werden die Beobachtungen, die in Fig. 4 graphisch
dargestellt sind in Prozenten ausgedrückt, kann man
folgendes sagen. 67 % aller Behandlungsarten brachten
signifikant niedrigere Erträge als die ungeschnittenen
Saatknollen. Den niedrigsten Ertrag gab "längs, kurz,
Licht" und hatte damit einen signifikant niedrigeren
Ertrag als 3o% aller Behandlungsarten.

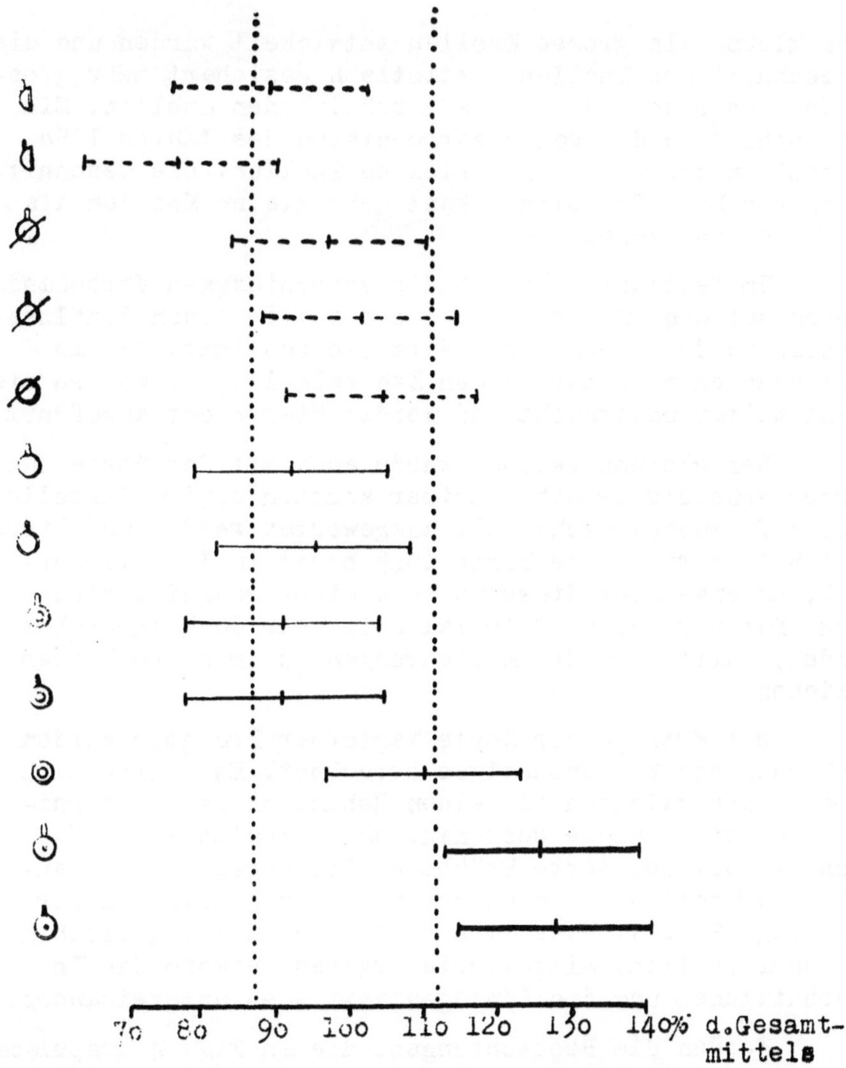

Ertrag nach verschiedenen Behandlungsarten; Naglerner
Frühgold, 195o.   Fig. 4

.... Signifikanzgrenzen d.Gesamtmittelwertes
----- Behandlung mit Längsschneiden
▬▬▬ Behandlung ohne Schneiden
——— Behandlung mit Querschneiden

Auch bei dieser Sorte wurden die gleichartig Geschnittenen aber unterschiedlich Vorgekeimten miteinander verglichen. Es fanden sich in keinem Fall signifikante Differenzen. Das besagt also, dass weder Dun-
kel-noch Lichtkeimung den Ertrag beeinflusst. Fasst
man alle Lichtgekeimten und alle Dunkelgekeimten unabhängig von ihrer sonstigen Behandlung zusammen, dann
ergibt sich Folgendes. Fig. 5 zeigt deutlich, dass sowohl innerhalb der Lichtgekeimten als auch innerhalb
der Dunkelgekeimten die Nichtgeschnittenen den höchsten Ertrag gaben und dieser Unterschied ist statistisch gut gesichert. Die Nichtgekeimten zeigten keine
statistisch gesicherten Unterschiede im Ertrag.

Vergleicht man die **S t a u d e n e r t r ä g e**,
so ergibt sich, dass die Erträge der Behandlungen "ganz,
Licht" und "ganz, Dunkel" untereinander nicht signifikant verschieden sind, dass aber jeder dieser Erträge
signifikant höher ist als die Erträge aller anderen Behandlungen.

Mit geringem Knollengewicht war wieder grosse
Knollenzahl und mit grossem Knollengewicht geringe Knollenzahl verbunden. Vor allem die ungeschnitten angebauten Knollen lieferten die niedrigsten Knollengewichte.

Die **E i n z e l k n o l l e n g e w i c h t e**
der beiden Behandlungen ohne Schneiden ("ganz, Licht" und
"ganz, Dunkel") unterscheiden sich untereinander nicht
signifikant, aber 58 % aller Behandlungen hatten ein
signifikant niedrigeres Knollengewicht als "ganz,Licht"
und 3o % aller Behandlungen ergaben niedrigere mittlere
Knollengewichte als "ganz, Dunkel", hatten also kleinere Knollen als die beiden anderen Behandlungen ohne
Schneiden. (Fig. 6)

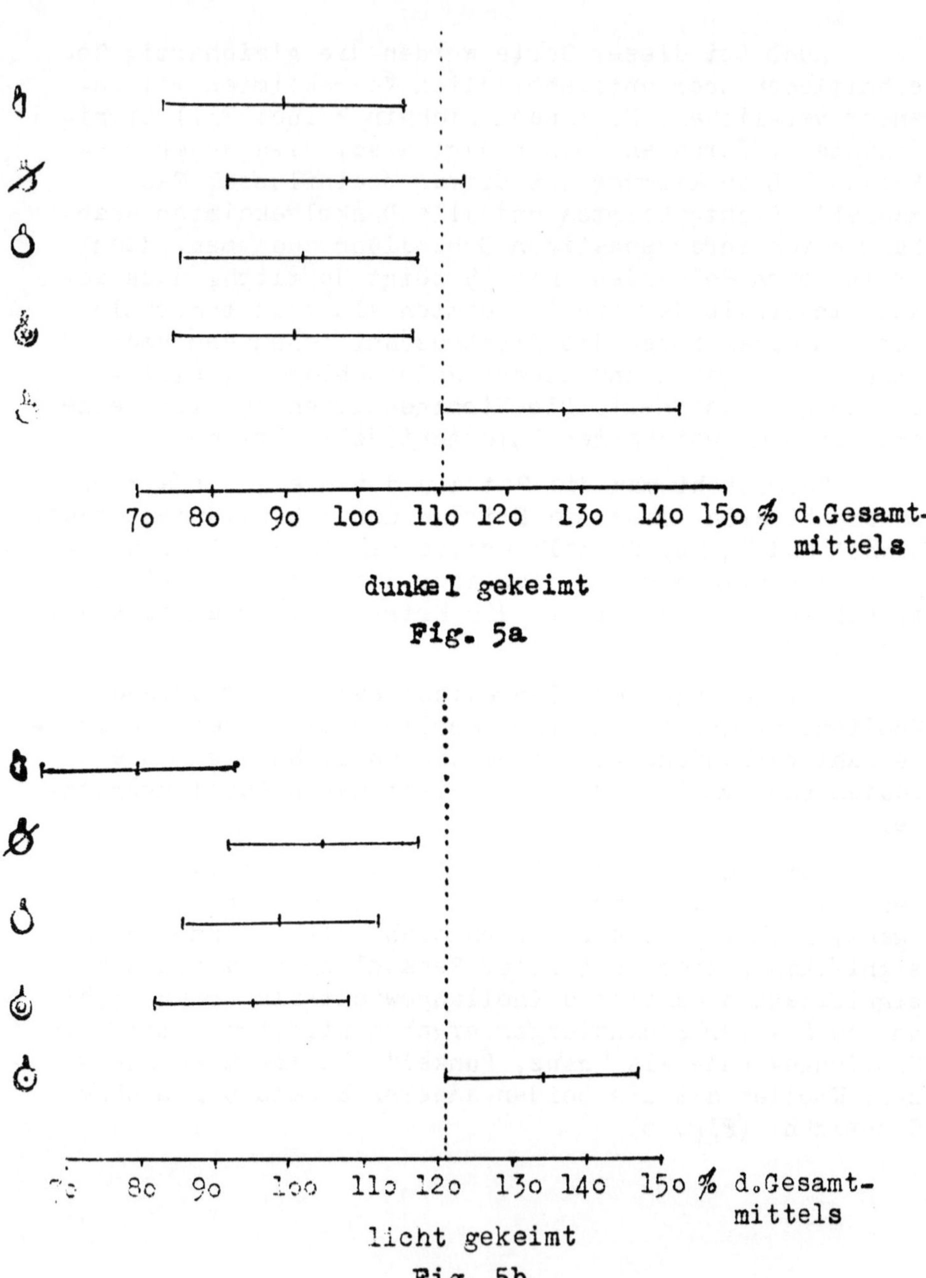

··· **Signifikanzgrenze der Ungeschnittenen**

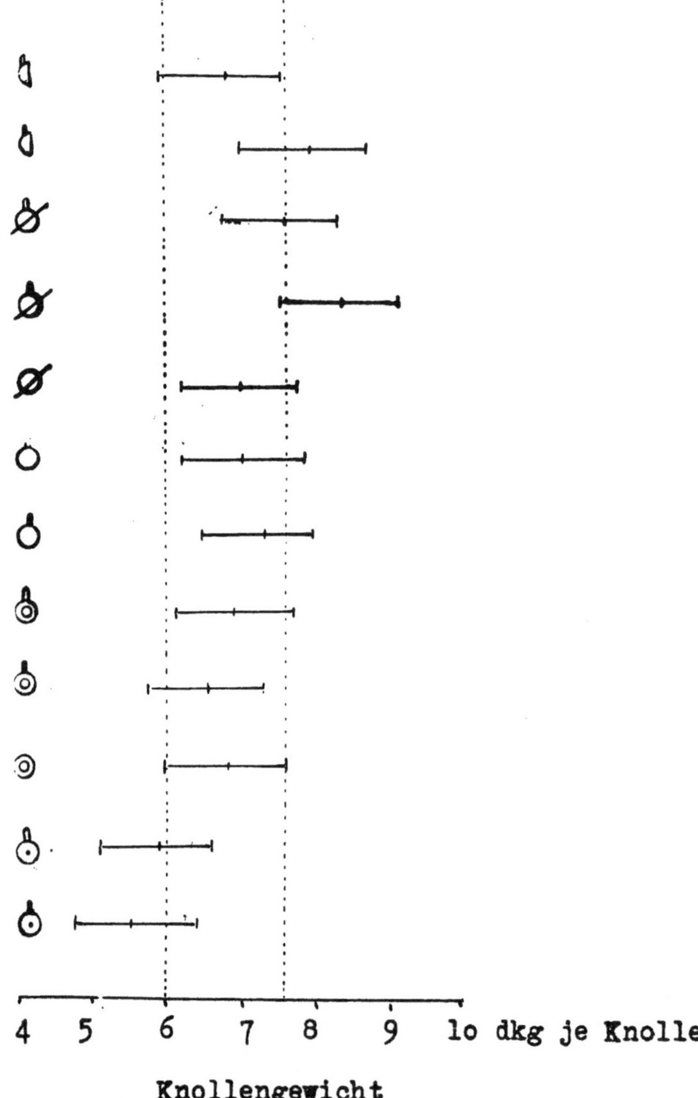

Knollengewicht

Fig. 6a

........Signifikanzgrenzen des Gesamtmittelwertes

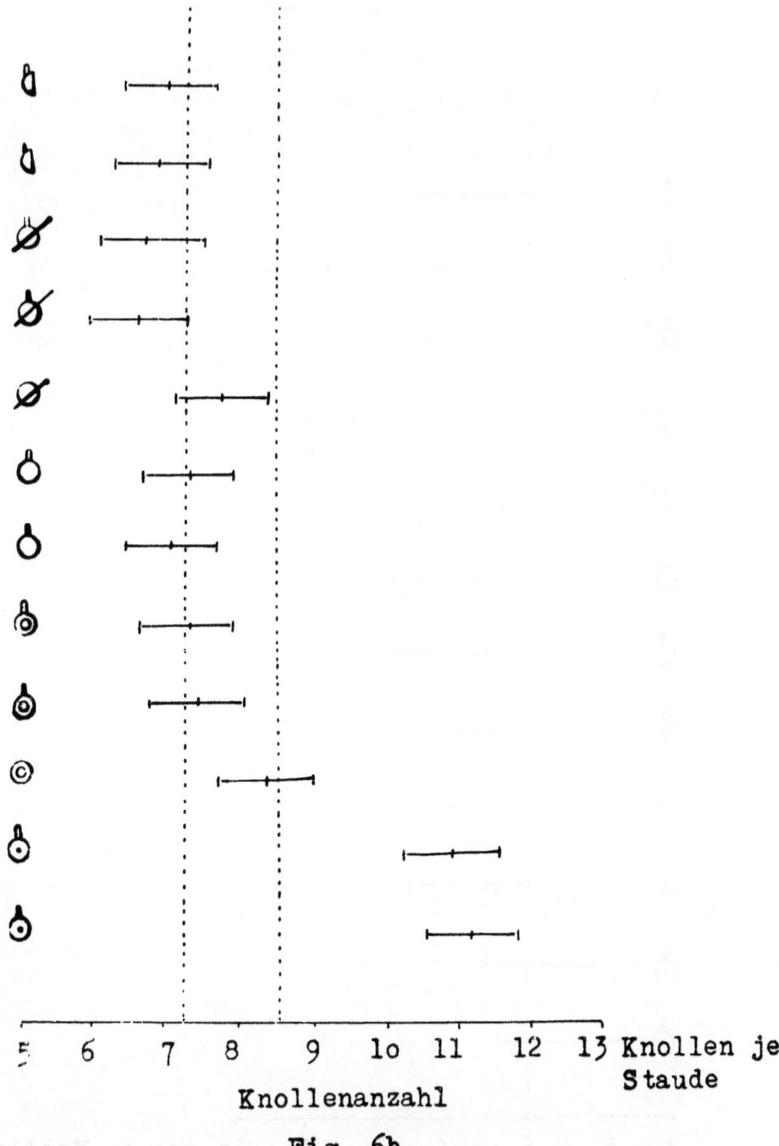

Fig. 6b

Signifikanzgrenzen des Gesamtmittelwertes

Im Vergleich zu Sorte Frühbote hat die Sorte Naglerner Frühgold allgemein ein höheres Einzelknollengewicht.

Die G r ö s s e n s o r t i e r u n g und die
Berechnung des prozentuellen Anteils der einzelnen
Grössenklassen zeigte, dass bei der Sorte Naglerner
Frühgold wesentlich andere Verhältnisse als bei der
Sorte Frühbote vorliegen. Der Anteil der mittelgrossen
Kartoffeln (4-7 cm) schwankte zwischen 54 und 67 %.Die
verbleibenden 4o % sind nach den verschiedenen Vorbehandlungen auffallend gleichartig auf die I. und III.
Grössenklasse verteilt. Nur eine Ausnahme gibt es dabei, die "Ungeschnittenen". Diese Parzellen ergaben,was
auch ohne weitere Berechnung ersichtlich ist, mehr mittelgrosse Knollen, mehr kleine Knollen und weniger grosse Knollen als die anders Vorbehandelten.

<u>Böhms Allerfrüheste</u>

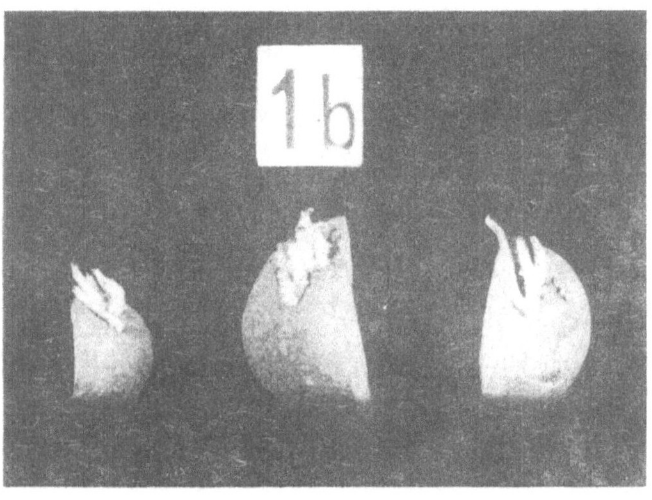

längs, kurz, dunkel

- 11o -

Der S t ä r k e g e h a l t beträgt etwa 12 %
und weist keine auffallenden Unterschiede auf.

Mit derselben Versuchsanlage wie im Jahr 195o
wurde im Jahr 1951 wieder ein Kartoffel Schneide-und
Vorkeimversuch angelegt. Unterschiede bestanden nur insofern, als der Versuch nur mit einer Sorte, nämlich
Böhms Allerfrüheste ausgeführt wurde und die Wiederho-
lungszahl auf 5 erhöht wurde. Die Saatknollen der Sorte Böhms Allerfrüheste hatten im Jahr 1951 zur Zeit der
Aussaat kürzere Triebe als die Sorten Frühbote und Naglerner Frühgold im Jahr 195o.

Die Resultate decken sich im wesentlichen mit
den Versuchsergebnissen der vorangegangenen Jahre. Den
höchsten Ertrag brachten wieder die ungeschnittenen
Knollen. Die drei Behandlungen ohne Schneiden (ganz
nicht geschnitten, ganz licht und ganz dunkel) hatten
untereinander sehr ähnliche Mittelwerte (Fig.7).4o %
aller Behandlungen ergaben signifikant niedrigere Erträge als die ungeschnitten und nicht vorgekeimt angebauten Kartoffeln. Bei der Sorte Frühbote im Jahr 195o
waren es 6o%.Fasst man die Behandlung mit Lichtvorkei-
mung, die Behandlung mit Dunkelvorkeimung und die Behandlung ohne Vorkeimung in 3 Gruppen zusammen und vergleicht die Erträge innerhalb der einzelnen Gruppen,so
ergibt sich, dass auch hier die ganz belassenen Saatknollen immer die höchsten Ernten brachten. Unterschiede zu den Versuchen der anderen Jahre bestehen nur insofern als in diesem Versuch die signifikanten Unterschiede innerhalb dieser drei Gruppen nicht zwischen
denselben Behandlungen wie in den anderen Jahren bei
anderen Sorten auftreten. (Fig.8a und 8b)

In der Gruppe der Quergeschnittenen gibt es gut
gesicherte Unterschiede in Bezug auf die Ertragshöhe,
in der Gruppe der Längsgeschnittenen liegen die Differenzen unter oder knapp über der Signifikanzgrenze und
die Gruppe der Nichtgeschnittenen weist überhaupt keine signifikanten Unterschiede auf. (Fig.9)

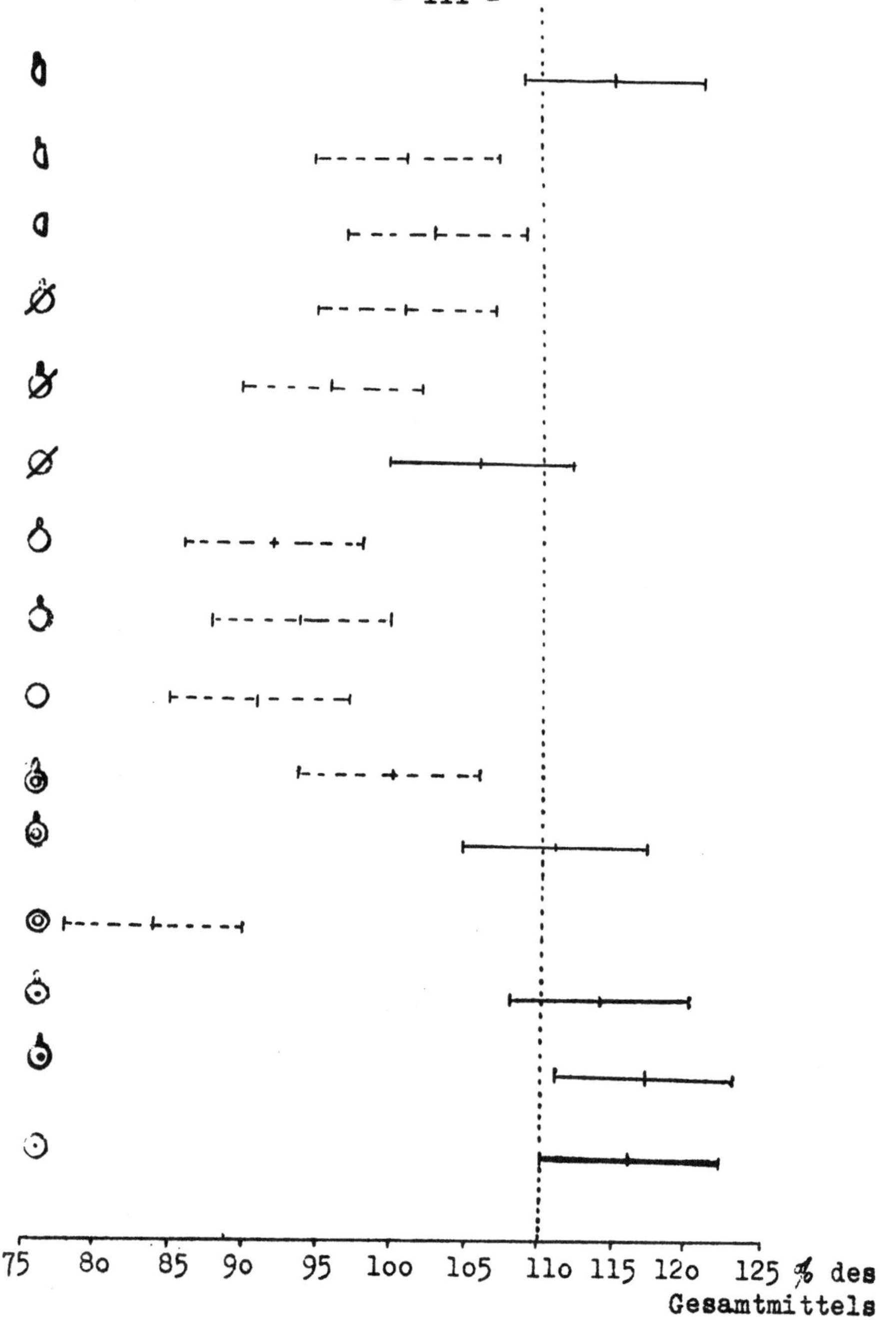

Ertrag nach verschiedenen Behandlungsarten; Böhms Allerfrüheste, 1951.

Fig. 7

Zeichenerklärung siehe Fig.1.

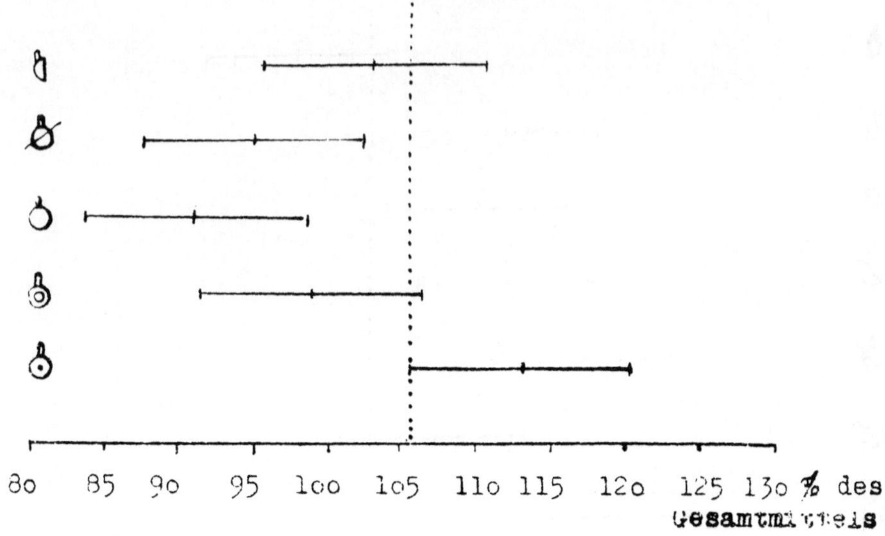

dunkel gekeimt

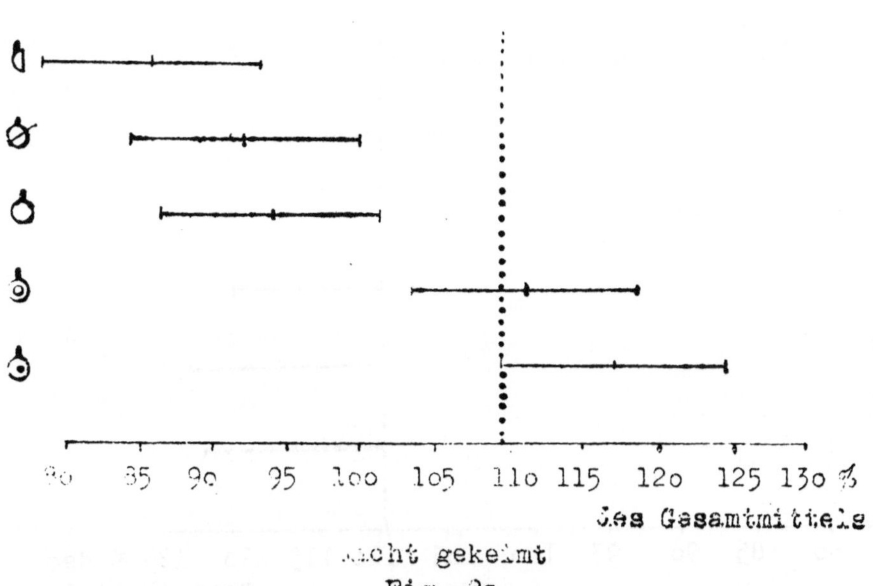

nicht gekeimt
Fig. 8a

······Signifikanzgrenze der Ungeschnittenen

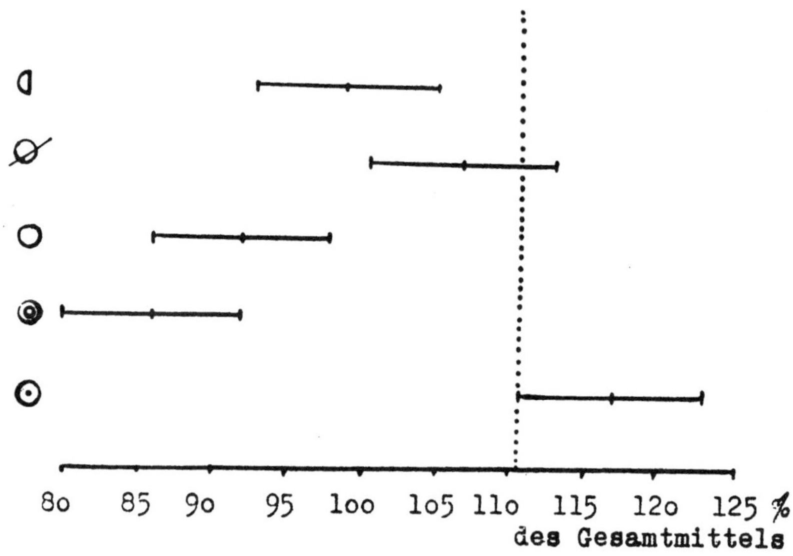

nicht gekeimt

Fig. 8b

.... Signifikanzgrenze der Ungeschnittenen

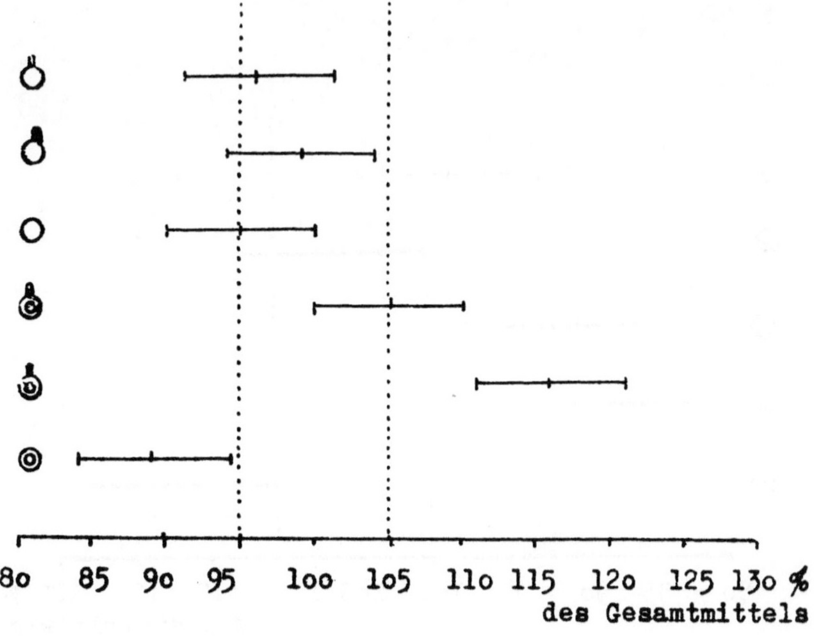

quergeschnitten

Fig. 9a

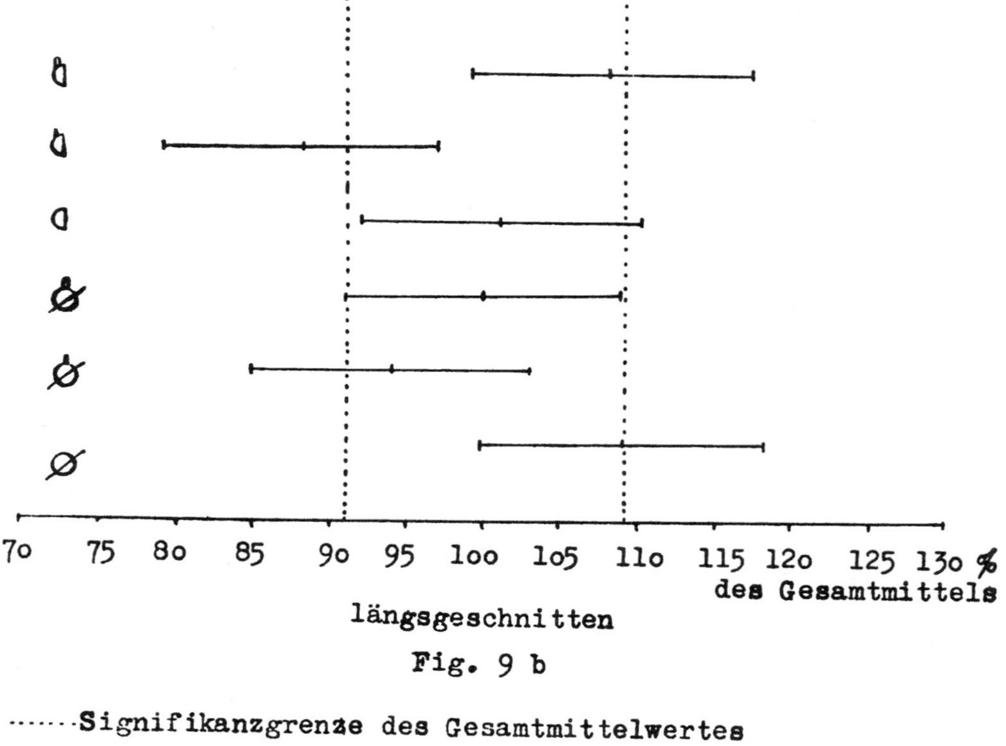

Fig. 9 b

........Signifikanzgrenze des Gesamtmittelwertes

Die Anzahl der Knollen pro Staude liegt für alle Behandlungen verhältnismässig nahe um den Gesamtmittelwert. Nur die Kontrolle, d.h. also ganz belassen und nicht vorgekeimte Saatknollen brachten gegenüber allen anderen Behandlungen signifikant mehr Knollen je Staude. (Fig.1o).

Im Vorjahr brachten die Behandlungen mit hohem E i n z e l k n o l l e n g e w i c h t im Mittel wenig Knollen und umgekehrt. Dadurch erschienen die graphischen Darstellungen der Knollenanzahl und des Knollengewichtes (Fig.3 und 6) nahezu spiegelbildlich.Erstaunlicherweise ergab sich 1951 ein anderes Bild. Die Werte des Einzelknollengewichtes liegen zwar auch hier knapp um den Gesamtmittelwert, schwanken aber etwas weiter als die Knollenzahl. Bemerkenswerterweise ist auch für das Einzelknollengewicht die Kontrolle nicht signifikant niedriger als das Gesamtsortenmittel, wie man es nach dem Bild der Knollenanzahl erwarten würde. (Fig.11).

Das Ergebnis der Grössensortierung bei der Sorte Böhms Allerfrüheste deckt sich teilweise mit dem der Sorte Frühbote. Mehr als 5o % der geernteten Knollen gehörten der mittleren Grösse an. Grosse Knollen (über 7 cm) waren bei der Sorte Böhms Allerfrüheste mehr als bei der Sorte Frühbote. Der Anteil der kleinen war annähernd gleich.

Bei dem Vergleich der grossen Knollen verschiedener Behandlungen untereinander und der kleinen, ergab sich wieder, dass nur in der Anzahl der grossen Knollen aller geschnittenen und den grossen Knollen aller ungeschnittenen ein signifikanter Unterschied auftritt. Allerdings im umgekehrten Sinn wie bei der Sorte Frühbote. Böhms Allerfrüheste brachte nach Schneiden der Saatknollen mehr grosse Knollen als nach Nichtschneiden.

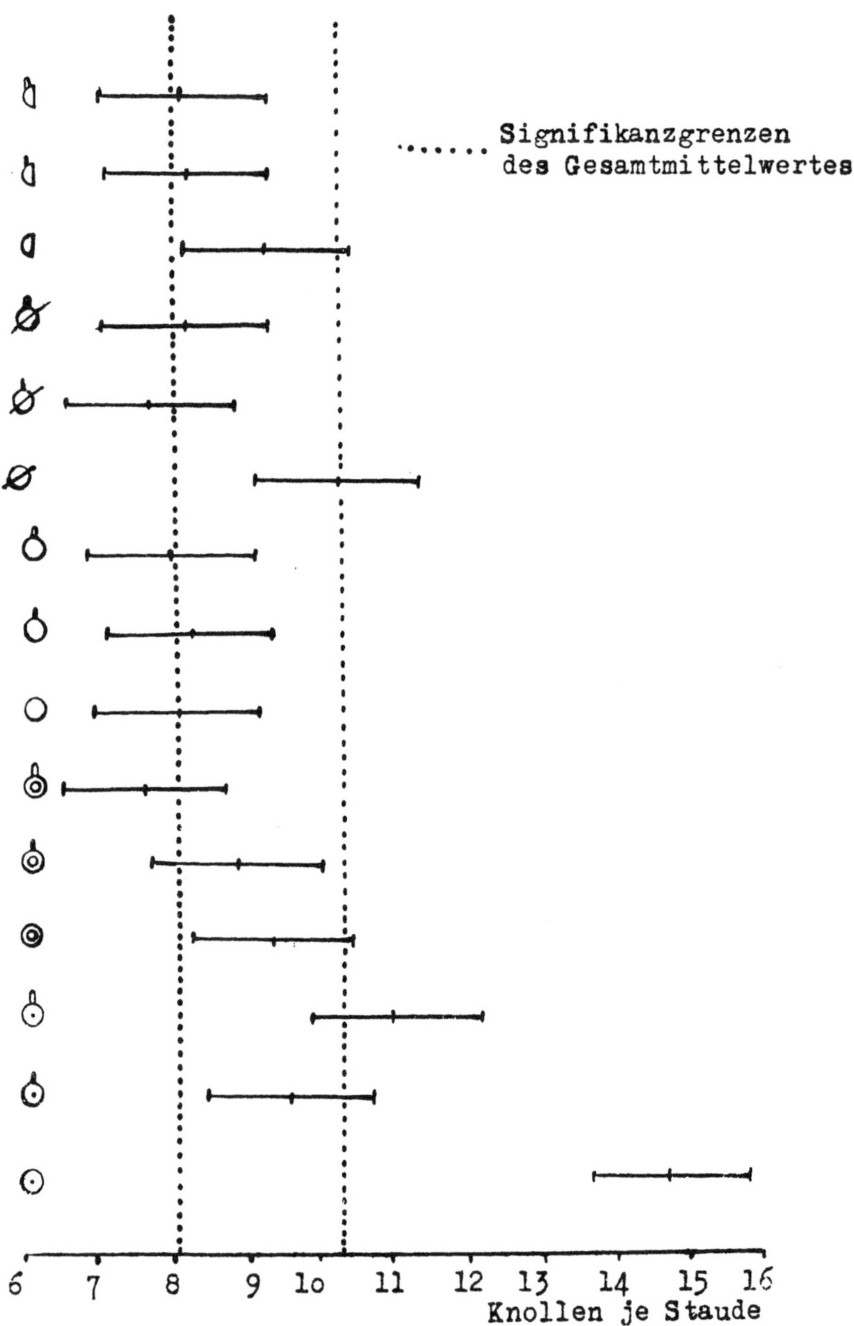

Knollenanzahl je Staude
Fig. 16

35 4o 45 5o 55 6o 65 7o 75 8o dkg je
Knolle
Einzelknollengewicht

Fig. 11

······Signifikanzgrenzen d. Gesamtmittelwertes

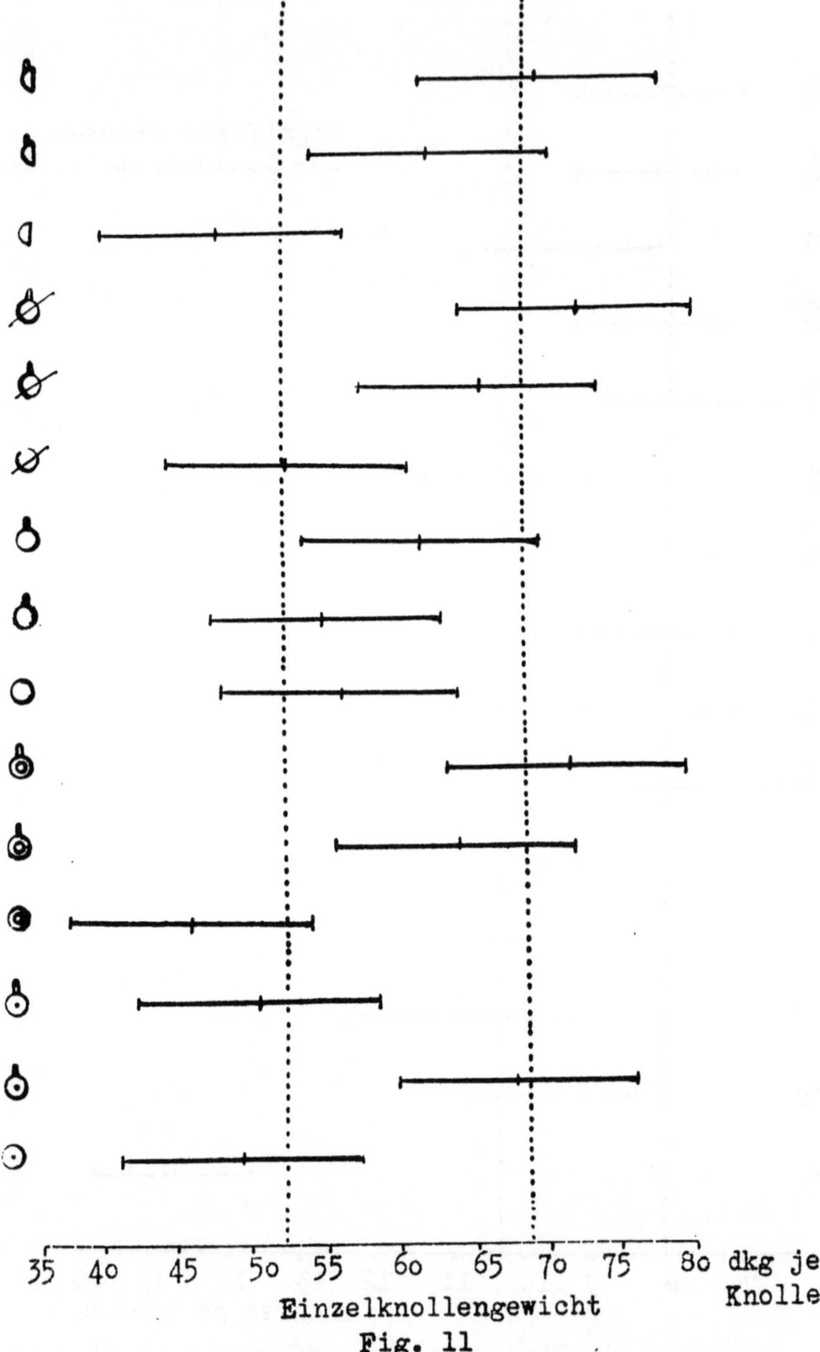

Die Schneide- und Vorkeimversuche der Versuchs-
jahre 1949, 1950 und 1951 mit drei verschiedenen Sorten zeigten also k u r z   z u s a m m e n g e f a ß t
folgendes. <u>Das Schneiden wirkte sich niemals günstig
aus, meist drückte es sogar den Ertrag.</u> Unabhängig von
der Art der Vorkeimung brachten die u n g e s c h n i t-
t e n e n   S a a t k n o l l e n   der Sorte Frühbote
(1949 und 1950), Böhms Allerfrüheste (1949, 1950) und
Naglerner Frühgold (1950) d e n   h ö c h s t e n   E r-
t r a g. Die Erträge der Nichtvorgekeimten, Lichtgekeimten und Dunkelgekeimten zeigten untereinander keine wesentlichen Unterschiede.

Die Knollenzahl der einzelnen Staude war sowohl
bei den Sorten Frühbote und Naglerner Frühgold als
auch bei der Sorte Böhms Allerfrüheste bei den Unbehandelten am höchsten und das durchschnittliche Einzelknollengewicht bei den beiden erstgenannten Sorten
am niedrigsten. Die Beobachtung der Grössensortierung
zeigte, dass die Zusammensetzung der Ernte der einzelnen Sorten verschieden ist. Im Jahre 1949 verhielten
sich die untersuchten Sorten (Frühbote und Böhms Allerfrüheste) gleich, bei beiden Sorten ergab ungeschnit-
tenes Saatgut andere Prozentsätze grosser und kleiner
Knollen als geschnittenes Saatgut. 1950 wiesen die Ungeschnittenen bei der Sorte Frühbote den signifikant
höchsten Prozentsatz grosser Knollen auf, bei der Sorte Naglerner Frühgold aber den niedrigsten. Auf den
Stärkegehalt wirkten sich die verschiedenen Vorbehandlungen nicht aus.

Dreijährige Versuche mit drei Sorten geben
selbstverständlich kein abschliessendes Bild über
physiologische Verhältnisse, immerhin scheinen diese
Versuche aber ein Hinweis dafür zu sein, dass von
Schneiden und Vorkeimen der üblichen Saatknollen keine Wunder zu erwarten sind.

Literaturverzeichnis

1) Boock, Olavo J.,   "Corte de tubercules de batatinha".
                          Bragantia (Secret.da Agric. do
                          Estado de Sao Paolo, Caixa Postal,
                          28-Campinas-Brasil) Vol. 7, 1947

2) Kopetz, L.M.,   "Grösse der Saatkartoffeln, Setz-
                          weite und Schneiden".
                          Vortrag z. Hochschulwoche d.Boden-
                          kultur 195o, ersch. im D.Salzburger
                          Bauer 5. Jahrg. 11.

3) Kopetz, L.M.,   "Neues zur Beurteilung und Behand-
                          lung von Kartoffelsaatgut".
                          Die Landwirtschaft, Nr.7/8,Jahrg.
                          1949, S. 97-98

4) Laumont, P. u.   "Resultats des essais de fragmen-
   Robert, J.,   tation et d'oeilletonnage de tuber.
                          cules de pomme de terre".
                          Ann. Inst. agric. Alger. 1948

5) Mohacek, M.,   "Ogledi saduje rezanin gomolja
                          krumpira" (Anbauversuche mit zer-
                          schnittenen Kartoffelknollen)
                          Arh.Minist.poljopr.Belgrad 4,1937,
                          H. 8, 45 - 49

6) Nattrass, R.M.,   "The cutting and treatment of seed
                          potatoes (in Kenya)."
                          The east African Agric. Journ.Vol.
                          XI. 1945, 219-222

7) Sessous, G.,   "Schneiden der Saatkartoffeln und
                          ihre zweckmässige Grösse".
                          Mitt.Landw.Berlin 51, 1936, H. 2o,
                          441-442

<u>Erläuterungen zu den graphischen Darstellungen:</u>

Fig. 1:   <u>Frühbote.</u>

Für jede Behandlungsart ist der Mittelwert
eingetragen, der der Varianzanalyse entnommen wurde. Rechts und links vom Mittelwert
ist der mittlere Fehler der Differenz zweier
Sorten aufgetragen. Jede Linie bezeichnet
für die betreffende Behandlungsart den Bereich, in den (unter Annahme der 5 % - Signifikanzgrenze) der Mittelwert fallen kann.
Decken oder überschneiden sich zwei Bereiche,
so heisst das, dass die Erträge der beiden
Behandlungsarten nicht statistisch gesichert
verschieden sind. Die senkrechte Linie mar-
kiert die Grenze des Bereiches der Kontrolle.

Fig. 2:   <u>Frühbote.</u>

Wirkung der Art der Vorkeimung auf den Ertrag:
Mittelwert und Differenz zweier Sorten unter Berücksichtigung der 5 %-Signifikanz-
grenze für Nichtgekeimte, Lichtgekeimte und
Dunkelgekeimte. Art der Darstellung wie in
Fig. 1.

Fig. 3:   <u>Frühbote.</u>

Knollenanzahl und Knollengewicht:
a Knollenanzahl je Staude, b mittleres Gewicht der Einzelknollen. Art der
Darstellung wie in Fig. 1.

Fig. 4:   <u>Naglerner Frühgold.</u>

Erträge der Behandlungsart:
Ertrags-Mittelwert und mittlerer Fehler der
Differenzen zwischen 2 Behandlungsarten.Art
der Darstellung wie in Fig. 1.

Fig. 5: <u>Naglerner Frühgold.</u>

Wirkung der Art der Vorkeimung auf den Ertrag:
Mittelwert und Differenz zweier Sorten unter
Berücksichtigung der 5 % - Signifikanz-Grenze
für Dunkelgekeimte und Lichtgekeimte. Art der
Darstellung wie in Fig. 1.

Fig. 6: <u>Naglerner Frühgold.</u>

Knollenanzahl und Knollengewicht.
a mittleres Einzelknollengewicht, b mittlere
Knollenanzahl je Staude. Art der Darstellung
wie in Fig. 1.

Fig. 7: <u>Böhms Allerfrüheste.</u>

Erträge der Behandlungsarten:
Ertrags-Mittelwert und mittlerer Fehler der
Differenzen zwischen 2 Behandlungsarten. Art
der Darstellung wie in Fig. 1.

Fig. 8a und b: <u>Böhms Allerfrüheste.</u>

Wirkung der Art der Vorkeimung auf den Ertrag:
Mittelwert und Differenz zweier Sorten unter
Berücksichtigung der 5 % Signifikanzgrenze für
Nichtgekeimte, Lichtgekeimte und Dunkelgekeim-
te. Art der Darstellung wie in Fig. 1.

Fig. 9: <u>Böhms Allerfrüheste.</u>

Wirkung der Schneideart:
Mittelwert und Differenz zweier Sorten unter
Berücksichtigung der 5 % - Signifikanzgrenze
für Dunkelgekeimte und Lichtgekeimte. Art der
Darstellung wie in Fig. 1.

Fig.1o: <u>Böhms Allerfrüheste.</u>

Knollenanzahl je Staude. Art der Darstellung
wie in Fig. 1.

Fig. 11: **<u>Böhms Allerfrüheste.</u>**
Einzelknollengewicht je Staude. Art der Darstellung wie in Fig. 1.

Aus der Bundesanstalt für alpine Landwirtschaft
in Admont
(Leiter: Univ.Prof.Dr.A. Z e l l e r)

==

Wirkstoffe als Wurzelausscheidungen von Kulturpflanzen
I. Testpflanzen

Von A. Zeller und G. Gretschy

Einleitung und Problemstellung.

        Der Feldwechsel von Kulturpflanzen wird seit vie-
len hundert Jahren durchgeführt. Es ist eine Erfahrungs-
tatsache, dass ein und dieselbe Feldfrucht mehrere Jahre
hindurch auf demselben Feld gepflanzt nicht oder nur
schlecht gedeiht. Die Begründung dafür wird von manchen
Autoren in der einseitigen Ausnutzung des Düngers vielleicht zu einem Teil mit Recht gesucht. H. B r o n -
s a r t (3) versucht dieses Problem als Folge der Bodenmüdigkeit zu lösen. Einzelne Pflanzen scheiden durch
die Wurzeln Stoffe aus, die den Boden verschlechtern und
dadurch den Anbau einer Pflanzenart nur für eine bestimmte
Zeit möglich machen. Zwei Theorien knüpfen sich an die
Feststellung der Wurzelausscheidungen. Die Toxintheorie
schreibt artspezifischen giftigen Wurzelausscheidungen,
die Wirkstoffe von höchster Leistung sein sollen, die
Bodenmüdigkeit zu. Nach der Organismentheorie schafft jede Pflanze ihre Rhizosphäre, wodurch gewisse Bakterien
und Mikroorganismen gefördert werden, andere in einen
Ruhezustand verfallen; letzterer kann aber durch die
Schaffung einer andersartigen Rhizosphäre wieder aufgeho-
ben werden. W. S c h u p h a n (8) zieht die Möglichkeit
von Wurzelausscheidungen auf Grund von Gefäss-und Frei-
landversuchen bei Mischkultur und Alleinbau in Erwägung.
P.S. N u t m a n (7) weist Wurzelausscheidungen bei

Rotklee, Luzerne, Flachs durch Farbreaktionen im Wurzel-
bereich von 5 mm nach. H. M o l i s c h (6) fand als
beeinflussende Ursache einer Pflanze durch andere gas-
förmige Pflanzenausscheidungen. F. B o a s (1) sucht
ebenfalls die Wirkung zahlreicher Pflanzen aufeinander
in der Ausscheidung gasförmiger Wirkstoffe.

Der Nachweis von Wurzelausscheidungen in den Boden auf chemischem Weg bietet Schwierigkeiten verschie-
denster Art. Der W e n t'sche Avena-Test (2) ermöglicht
es, Wirkstoff quantitativ nachzuweisen. W. S i g m u n d
(9) stellte die Reaktion der Keimwurzel von Erbsen, Raps,
Wicke, Weizen, Gerste nach der Einwirkung von Alkaloiden,
Glucoalkaloiden, Glucosiden, Phenolen, Bitterstoffen am
Längenwachstum derselben fest. F. M o e v u s (5) ar-
beitete eine quantitative Testmethode mit Keimlingen von
Lepidium sativum aus. Keimlinge mit einer Keimwurzel von
bestimmter Länge werden in β - Indolylsäure von verschiedenen Konzentrationen gebracht und die Zuwachslänge der
Keimwurzel als Mass des vorhandenen Wirkstoffes genommen. Es steht aber ausser Zweifel, dass es einerseits
verschiedene, vielleicht recht spezifische Reaktionen
von Keimwurzeln auf Wirkstoffe gibt und dass andererseits solche Wirkstoffe von vielen Wurzeln ausgeschie-
den werden.

Noch nicht oder kaum untersucht ist die Frage
wie weit etwa solche Stoffe beziehungsweise Empfindlich-
keiten von Wurzeln beim Zustandekommen der Phänomene der
Bodenmüdigkeit und bei ähnlichen Erscheinungen eine Rolle
spielen. Die Versuche, über die im folgenden berichtet
wird, stellen Vorarbeiten zu Untersuchungen über derar-
tige Fragen dar. Wir haben zunächst die Reaktion der
Keimwurzel einer Anzahl unserer Kulturpflanzen auf einen Wirkstoff untersucht und geprüft, wie weit diese Reaktion ähnlich dem M o e v u s'schen Kressetest messend
erfasst werden kann.

Methodik.

Die Eignung einer Keimwurzel als Testobjekt prüften wir mit α - Naphtylessigsäure. Eine Lösungsreihe mit den Konzentrationen 10^{-5} g/ccm bis 10^{-12} g/ccm wurde hergestellt. Keimpflanzen, die zur Prüfung in die Lösung gebracht werden, müssen eine gleiche Ausgangslänge haben. Die Samen lässt man in destilliertem Wasser vorquellen und bringt sie zur Keimung in Petrischalen. Das gemeinsame Vorquellen der Samen ermöglicht einen gemeinsamen Keimungsbeginn, der für einen derartigen Versuch unerlässlich ist. Für diese Versuche verwendeten wir Petrischalen mit 9 cm Durchmesser. In die sterilisierten Schalen wurden 2 Lagen Filtrierpapier gegeben und 5 ccm destilliertes Wasser. Die vorgequollenen Samen werden in entsprechenden Abständen auf dem befeuchteten Filtrierpapier mit einer Pinzette aufgelegt und zugleich in den Dunkelthermostat mit einer Temperatur von $27^{\circ}C$ gebracht. Die Samen werden soviele Stunden im Dunkelthermostat belassen, bis ein entsprechender Prozentsatz, deren Wachstumsgeschwindigkeit als normal angesehen werden kann, die gewünschte Ausgangslänge einer geraden Keimwurzel erreicht hat. Die ausgewählten Keimlinge werden in Petrischalen mit 2 Lagen Filtrierpapier und 5 ccm Versuchslösung gebracht. In eine Petrischale geben wir 6 - 7 Keimlinge. Die Schalen mit den Versuchskeimlingen kommen sofort wieder in den Dunkelthermostat und werden dort 15 - 18 Stunden belassen. Nach dieser Zeit werden die Zuwachslängen der Keimwurzeln gemessen. Parallel zu den Versuchen mit α - Naphtylessigsäure wird jeweils eine Wasserkontrolle gemacht, um daran Förderung oder Hemmung des Wirkstoffes festzustellen.

Die Auswertung der gemessenen Zuwachslängen der Keimwurzeln erfolgt auf varianzanalytischem Weg. Wir berechneten jeweils den Mittelwert der Zuwachslänge, den mittleren Fehler des Mittelwertes, den t-Wert, der die Sicherheit einer Differenz zweier arithmetischer Mittel angibt und die dazugehörige Wahrscheinlichkeit P. Die graphischen Darstellungen, für die die kleinsten signifikanten Differenzen für 5 % Wahrscheinlichkeit berechnet wurden, geben ein anschauliches Bild vom Verhalten der Testpflanzen in der Lösungsreihe.

Bei der Prüfung der Pflanzen nach ihrer Eignung als Testpflanze erwiesen sich folgende Kulturpflanzen wegen einer zu grossen Anzahl von Keimwurzeln oder eines zu grossen Stärkevorrats im Endosperm oder einer zu harten Samenschale als ungeeignet. Roggen, Hafer und Gerste sind wegen der grösseren Anzahl der Keimwurzeln als Testpflanzen nicht zu verwenden. Wir versuchten bei verschiedener Wurzellänge die Zahl der Keimwurzeln auf eine oder zwei zu reduzieren, das aber ein unregelmässiges Wachstum der Keimwurzeln zur Folge hatte. Der Maissamen ist mit relativ viel Stärke und einer starken Samenschale ausgestattet, so dass das Wachstum der Keimwurzeln von derartigen Wirkstoffkonzentrationen nicht beeinflusst wird. Bei Entfernung des Endosperms erweist sich die Keimwurzel als sehr reaktionsfähig; vorläufig sind es technische Schwierigkeiten, die sie als Testpflanze ungeeignet machen. Ausserdem waren für diese Versuchsanstellung Klee-und Kürbissamen nicht verwendbar.

Ausführung der Versuche.

Als Testpflanzen eignen sich folgende fünf Pflanzen: Leindotter, Lein, Raps, Weizen, Gurke. Bei jeder der genannten Testpflanzen erwies sich auf Grund von Versuchen eine bestimmt lange Dauer des Vorquellens, eine bestimmte Ausgangslänge der Keimwurzeln, mit der die Keimlinge in die Versuchslösung gebracht werden und eine bestimmte Zeit, in der man die Keimlinge in der Lösung belässt, als besonders günstig. Diese Komponenten sind für eine gute Reaktionsfähigkeit und für vergleichbare Wachstumswerte der Keimwurzel verantwortlich.

Leindotter:

Leindottersamen lassen wir 2o Minuten in destilliertem Wasser vorquellen; nach 2o - 24 Stunden können 6 mm lange Wurzelkeimlinge für die Versuchslösung ausgewählt werden. Zu diesem Zeitpunkt sind die längsten Keimwurzeln 9 mm und die kürzesten 4 mm. Nach 18 Stunden werden die Zuwachswerte gemessen. Für die Konzentrationen 10^{-6}, 10^{-7}, 10^{-8} g/ccm α - Naphtylessigsäure ergaben sich im Vergleich zur Wasserkontrolle Wachstumshemmungen und für die Konzentration 10^{-10} g/ccm Wachstumsförderung mit signifikanten Differenzen. (Fig.1)

Lein:

Leinsamen lässt man eine Stunde in destilliertem Wasser vorquellen. Nach einer Keimdauer von 31 Stunden im Dunkelthermostat sind die längsten Keimwurzeln 12 mm, die kürzesten 4 mm. Keimlinge mit 6 mm langer Keimwurzel wurden für die Versuchslösung ausgewählt und nach weiteren 16 Stunden die Zuwachswerte gemessen. Die Konzentrationen 10^{-5}, 10^{-6}, g/ccm bewirken eine Wachstumshemmung, die Konzentrationen 10^{-7} - 10^{-12} g/ccm eine Wachstumsförderung im Vergleich zu der Wasserkontrolle. Bei allen Konzentrationen ergaben sich Werte mit signifikanten Differenzen. (Fig.2).

Raps:

Rapssamen lassen wir 9o Minuten in destilliertem Wasser vorquellen. Nach 3o - 35 stündiger Keimdauer sind die längsten Keimwurzeln 12 mm, die kürzesten 6 mm.Keimlinge mit 8 mm langer Keimwurzel werden für die Versuchslösung ausgewählt und nach 16 Stunden die Zuwachswerte gemessen. Die Konzentrationen 10^{-5} g/ccm, 10^{-8} g/ccm α - Naphtylessigsäure bewirken eine Wachstumshemmung mit signifikanten Differenzen im Vergleich zur Wasserkontrolle. Die Konzentrationen 10^{-9} g/ccm, 10^{-10} g/ccm verursachen eine Wachstumsförderung, wobei die Zuwachswerte in der Konzentration 10^{-10} g/ccm gegen die Wasserkontrolle nicht mehr signifikant verschieden sind.(Fig.3).

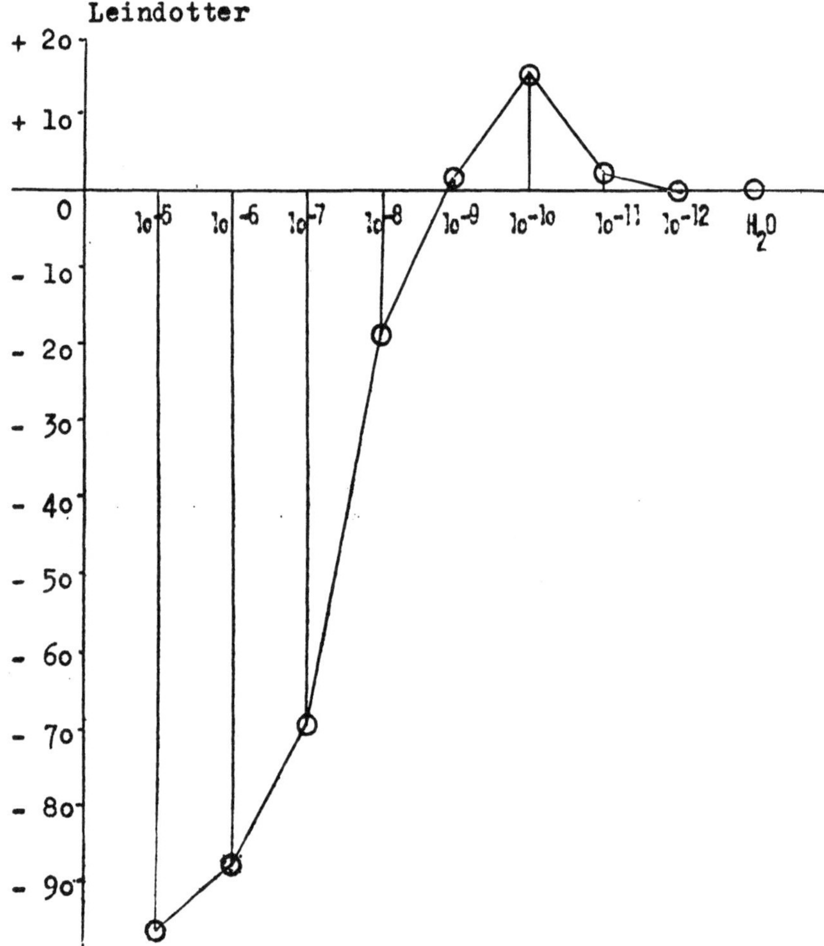

Waagrecht: Konzentrationen von α - Naphtylessigsäure

Senkrecht: Zuwachswerte im Hemmungs-und För-
derungsbereich

Fig. 1

Lein
+ 12o
+ 11o
+ 1oo
+ 9o
+ 8o
+ 7o
+ 6o
+ 5o
+ 4o
+ 3o
+ 2o
+ 1o
- 1o
- 2o
- 3o
- 4o
- 5o
- 6o
- 7o
- 8o
- 9o
- 1oo
lo^-5
lo^-6
lo^-7
lo^-8
lo^-9
lo^-10
lo^-11
lo^-12
H2O

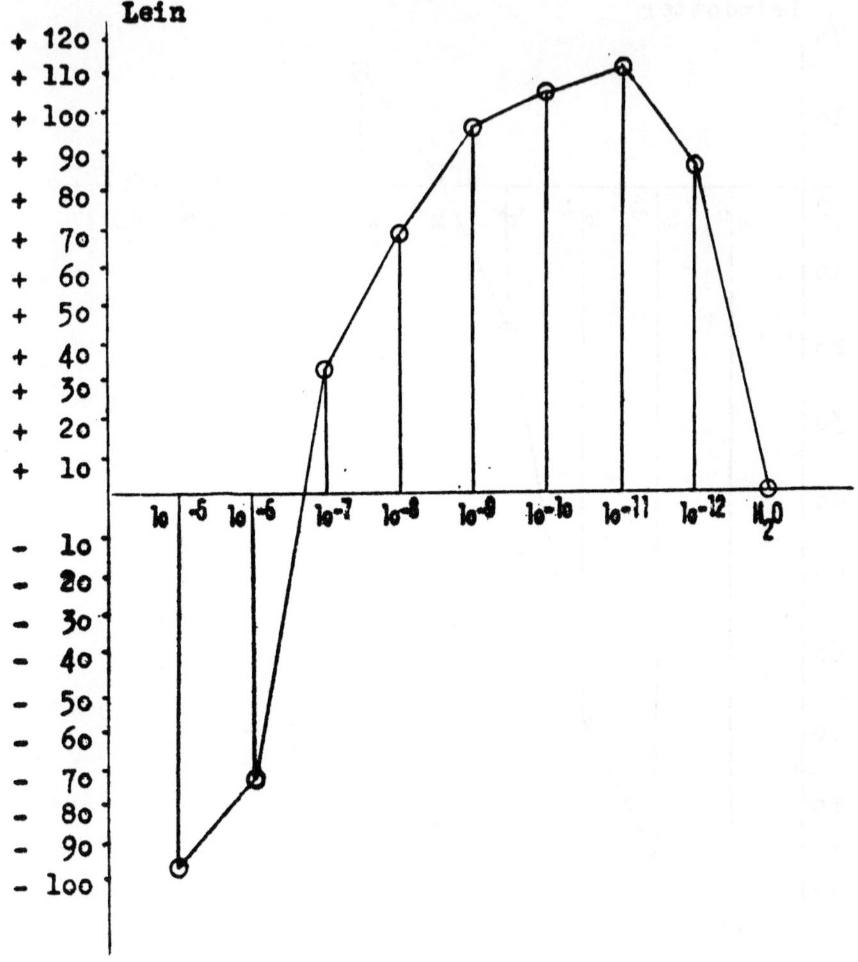

Fig. 2

Raps
+ 20
+ 10
0
- 10
- 20
- 30
- 40
- 50
- 60
- 70
- 80
- 90
10^{-5}
10^{-6}
10^{-7}
10^{-8}
10^{-9}
10^{-10}
10^{-11}
10^{-12}
H_2O

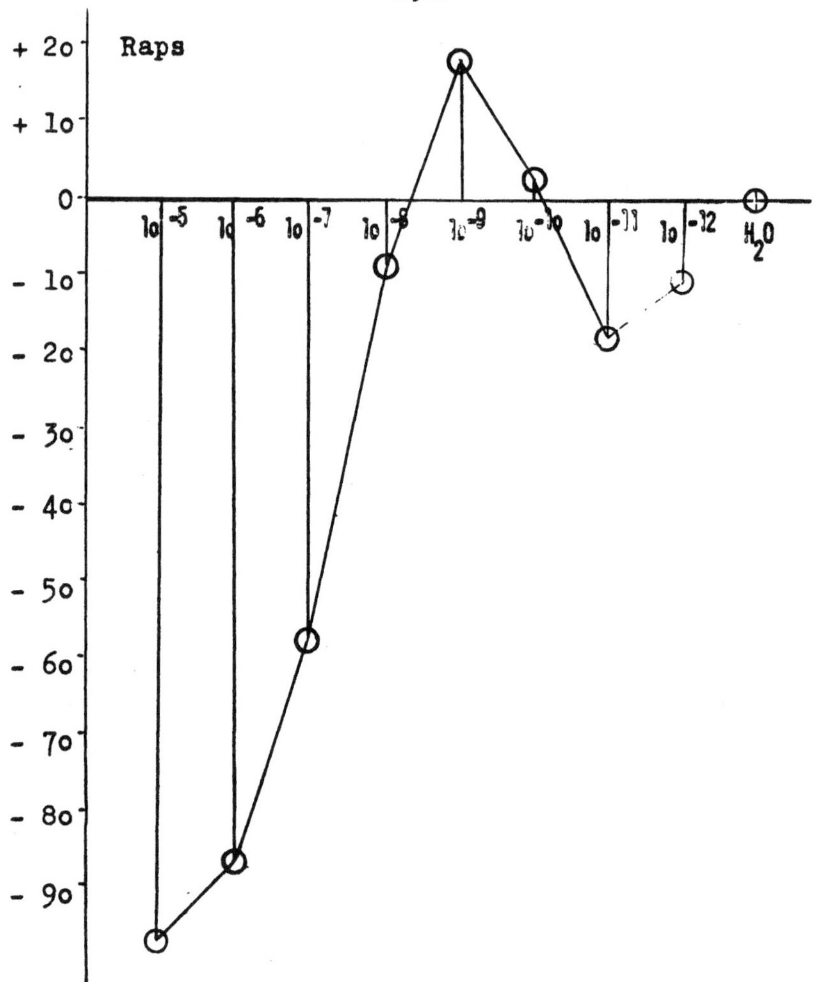

Fig. 3

<u>Weizen (Dr. Lasser Dickkopf):</u>

Weizen wird 2 Stunden in destilliertem Wasser vorgequollen. Nach einer Keimdauer von 2o - 24 Stunden im Dunkelthermostat bei 27°C wird jeweils die mittlere Keimwurzel gemessen. Zu dieser Zeit sind die längsten lo mm, die kürzesten 3 mm. Keimlinge, deren mittlere Keimwurzel 5 - 6 mm lang ist, werden für die Versuchslösung ausgewählt. Nach einer weiteren Keimdauer von 17 Stunden wird der Zuwachswert an der mittleren Keimwurzel gemessen. Es ergibt sich eine Wachstumshemmung gegen die Wasserkontrolle in den Konzentrationen lo^{-5} bis lo^{-7} g/ccm und eine Wachstumsförderung mit ebenfalls signifikanten Differenzen durch die Konzentrationen lo^{-8}, lo^{-9} und lo^{-lo} g/ccm. (Fig.4).

<u>Gurken (Znaimer Einlegegurken):</u>

Gurkensamen werden eine Stunde in destilliertem Wasser vorgequollen, 36 - 4o Stunden zur Keimung im Dunkelthermostat belassen. Keimlinge mit einer 15 mm langen Keimwurzel werden für die Versuchslösung ausgewählt.Nach einer weiteren Keimdauer von 12 Stunden können die Zuwachswerte gemessen werden. Die Konzentrationen lo^{-5} bis lo^{-9} g/ccm von α - Naphtylessigsäure verursachen eine Wachstumshemmung gegen die Wasserkontrolle mit signifikanten Differenzen. Die Konzentrationen lo^{-lo} bis lo^{-12} g/ccm bewirken eine geringe Wachstumsförderung mit keinen signifikanten Differenzen. (Fig.5).

<u>Vergleich der Testpflanzen.</u>

Der Vergleich der 5 genannten Testpflanzen lässt die verschiedenartige Reaktion bei gleichen Wachstumsbedingungen erkennen. In der Tabelle sind die von der Wasserkontrolle signifikant verschiedenen Werte angegeben.

Testpflanze	Wachstumshemmung g/ccm	Wachstumsförderung g/ccm
Lein	10^{-5}, 10^{-6}	10^{-7}, 10^{-8}, 10^{-9}, 10^{-10}, 10^{-11}, 10^{-12}
Weizen	10^{-5}, 10^{-6}, 10^{-7}	10^{-5}, 10^{-9}, 10^{-10}
Raps	10^{-5}, 10^{-6}, 10^{-7}, 10^{-8}	10^{-9}
Leindotter	10^{-5}, 10^{-6}, 10^{-7}, 10^{-8}	10^{-10}
Gurken	10^{-5}, 10^{-6}, 10^{-7}, 10^{-8}, 10^{-9}	

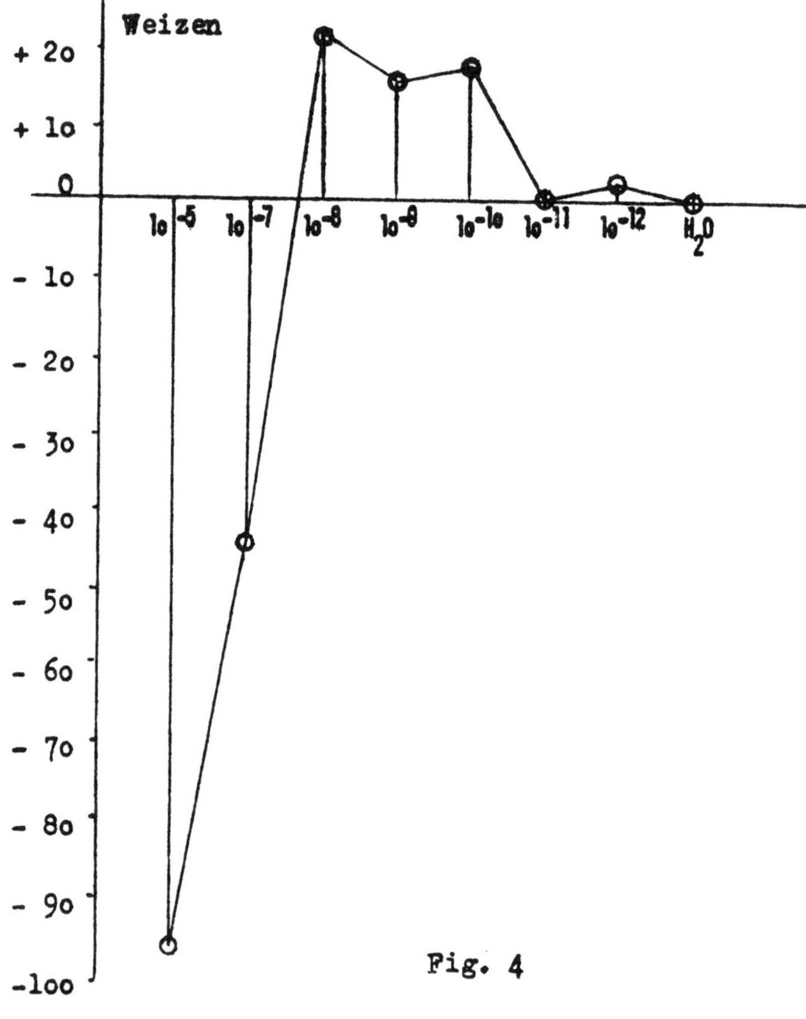

Fig. 4

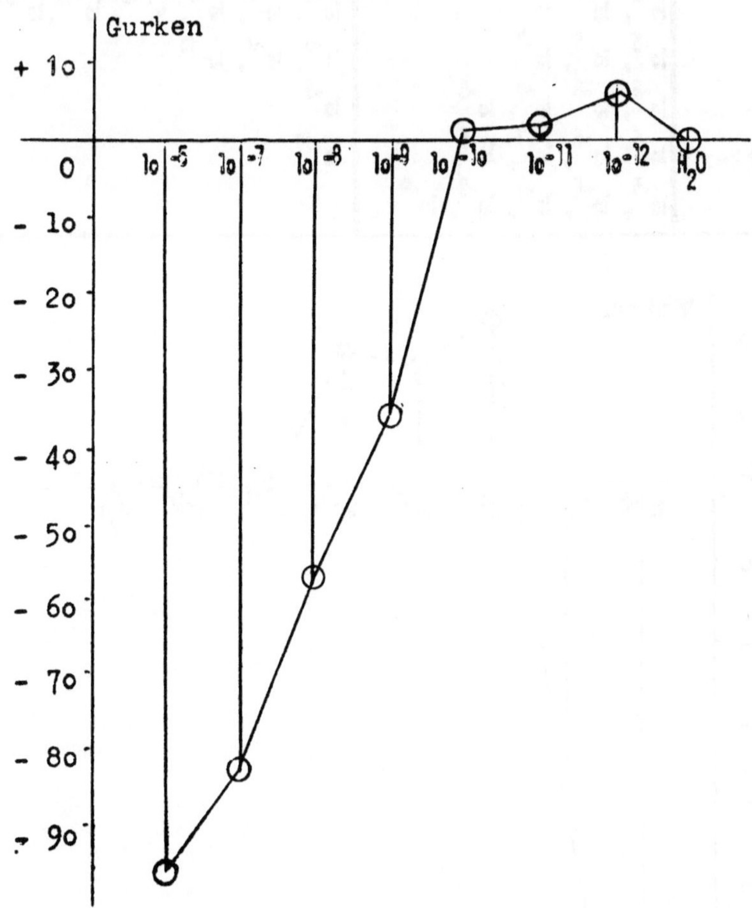

Fig. 5

Zusammenfassung

Leindotter, Lein, Raps, Weizen und Gurke wurden als neue Testpflanzen zum quantitativen Nachweis für Wirkstoffe gefunden. Die Zuwachslänge der Keimwurzel in einer bestimmten Zeit wird als Mass für den vorhandenen Wirkstoff genommen. Die Reaktionsfähigkeit der genannten Testpflanzen wurde an 8 verschiedenen Konzentrationen von α - Naphytlessigsäure geprüft. Die genannten Testpflanzen unterschieden sich voneinander durch eine verschiedene Reaktionsfähigkeit bei gleichen Konzentrationen von α - Naphtylessigsäure.

Literaturverzeichnis

1) Boas, F., "Dynamische Botanik".
München 1942, 2. Aufl.

2) Boysen-Jensen, "Die Wuchsstofftheorie".
G. Fischer, Jena 1935

3) Bronsart, H., "Der heutige Stand von der Bodenmüdigkeit".
Ztschr.f. Pflanzenernährung, Düngung
und Bodenkunde 45, 1949

4) Moevus, F., "Die Wirkungen von Wuchs-und Hemmstof-
fen auf die Kressewurzel".
Biolog. Zentralblatt 68, 58-72, 1949

5) - "Der Kressewurzeltest, ein neuer quantitativer Wuchsstofftest".
Biolog.Zentralblatt 68, 118-139, 1949

6) Molisch, H., "Allelopathie. Der Einfluss einer Pflanze auf die andere".
Jena 1937

7) Nutman, P.S., "Color reactions between clay minerals
and root secreations."
Nature (London) 167 (4242):288, 1951

8) Schuphan, W., "Ein Beitrag zur physiologischen Wirkung einer Pflanze auf die andere".
Botanica oeconomica Bd. 1, 1 - 15,1948

9) Sigmund, W., "Über die Einwirkung von Stoffwechsel-
produkte auf die Pflanzen".
Biochem.Ztschr. 62, 299, I, 339, II,
1914

10) Wirth, A.G.,   "Höchsterträge durch Mischkultur wahl-
                   verwandter Gemüsearten".
                   Grundl, u.Fortschr. im Selbstversorger-
                   Gartenbau, H.1, Stuttgart 1942

Aus der Bundesanstalt für alpine Landwirtschaft
in Admont
(Leiter: Univ.Prof.Dr.A.Z e l l e r)

Virusnachweis durch Formoltitration ?

Von **A.** Zeller u. H. Fößleitner-Karl

Eine der für die praktische Anwendung der Ergebnisse der Virusforschung wichtigsten Feststellun-
gen war die, dass der Befall mit Blattrollvirus bei
den Kartoffeln den Stoffwechsel der beiden Aminosäuren Tryptophan und Tyrosin wesentlich beeinflusst.
(A n d r e a e, W.A., T h o m p s o n, K.L.) (1). Andererseits hat Sigvard E k e l u n d (2) darauf hingewiesen, dass wahrscheinlich verschiedene Kartoffelsorten sich in spezifischer Weise in ihrem Aminosäure-
gehalt unterscheiden. Mit Hilfe einer in enteiweissten
Kartoffelpreßsäften ausgeführten Formoltitration, bei
der der Titrationsverlauf in Form einer Kurve festgehalten wurde, hatte E k e l u n d versucht, diese
verschiedene Zusammensetzung der Aminosäurenfraktion
der Preßsäfte der verschiedenen Kartoffelsorten graphisch zu erfassen und zur Sortendiagnose auszuwerten.
Wenn das Verfahren von E k e l u n d brauchbar wäre,
dann müsste sich daher der unterschiedliche Tryptophan-
bezw. Tyrosingehalt blattrollkranker und vielleicht
auch anders viruskranker Kartoffelknollen in einer Än-
derung der sortenspezifischen Form der Formoltitrations-
kurve äussern. Da diese Formoltitrationen auch als Mikro-
titration ausführbar sind, schien hier vielleicht die
Möglichkeit zu bestehen, auf physikalisch-chemischem
Weg das Vorliegen einer Virusinfektion in kleinen Proben aus Kartoffelknollen nachweisen zu können. Über
die praktische Bedeutung einer derartigen Möglichkeit
braucht wohl kein Wort verloren zu werden, zumal auch

S c h u p h a n (3) im Zusammenhang mit Viruserkrankungen
von Kartoffeln beträchtliche Änderungen in der Zusammensetzung der Aminosäurefraktion (allerdings vielfach der
Hydrolysate) mitgeteilt hat.

Wir haben daher versucht, zunächst die Befunde von
E k e l u n d zu überprüfen um - im Falle die Überprüfung positiv ausgefallen wäre - dann mit dieser Methode die
Brauchbarkeit der Befunde von A n d r e a e - T h o m p-
s o n und S c h u p h a n für die Praxis festzustellen.

In Anlehnung an die Angaben von E k e l u n d
gingen wir dabei so vor, dass wir je 1 Viertelteil von 5
Kartoffelknollen mit einem Messer grob zerkleinerten und
5o g dieser Durchschnittsprobe in einem "Waring blendor"
namens Turmix unter Zusatz von etwas Wasser mit Hilfe
eines mit etwa 12ooo U/Min. rotierenden Messerflügels
feinst zerkleinerten. Durch Filtration wird aus dem entstehenden Brei ein Saft gewonnen, von dem 3o ccm mit
1o ccm einer bariumhaltigen Lösung (8o g $BaCl_2 + 2H_2O$
18 g Ba $(OH)_2 + 8 H_2O$ zum Liter gelöst) aufgekocht und
filtriert werden. Vom abgekühlten Filtrat werden 2o ccm
bei einer Temp. von 2o°C zur Formoltitration verwendet.
Diese Titration muss elektrometrisch mit einer Glaselek-
trode ausgeführt werden. Uns stand hiefür eine Mikro-
elektrode der Firma Polymetron AG.,Zürich, mit einem in-
neren Widerstand von etwa 1oo Megohm sowie ein Röhren-
voltmeter der Firma Andreatta, Innsbruck, zur Verfügung. Zunächst wird die Lösung mit n/1o Salzsäure bis pH
7,o titriert, wobei zur Gewinnung der Titrationskurve
der nach Zusatz von je 0,5 ccm der n/1o HCl erreichte
pH-Wert abgelesen und notiert wird. Dann werden 1o ccm
einer 35 %-igen Formaldehydlösung zugesetzt, die genau
auf pH 8,3 mit 0,1 n NaOH eingestellt wurde. Nun wird
in derselben Weise,wie soeben für die Säure beschrieben,
mit n/1o NaOH weitertitriert. Die Titration wurde meist
soweit fortgeführt bis der Endpunkt praktisch erreicht
war, d.h. bis weiterer Laugenzusatz keine oder nur mehr
eine unwesentliche Verschiebung des pH-Wertes der Lösung
ergab.

Vorversuche zeigten, dass Parallel-Aufarbeitungen desselben Kartoffelmaterials praktisch übereinstimmende Kurven ergaben. Die Kurven 1 bis 3 zeigen den Titrationsverlauf in je 2 Versuchsansätzen der Sorten Vera, Bona und Edelweiss.

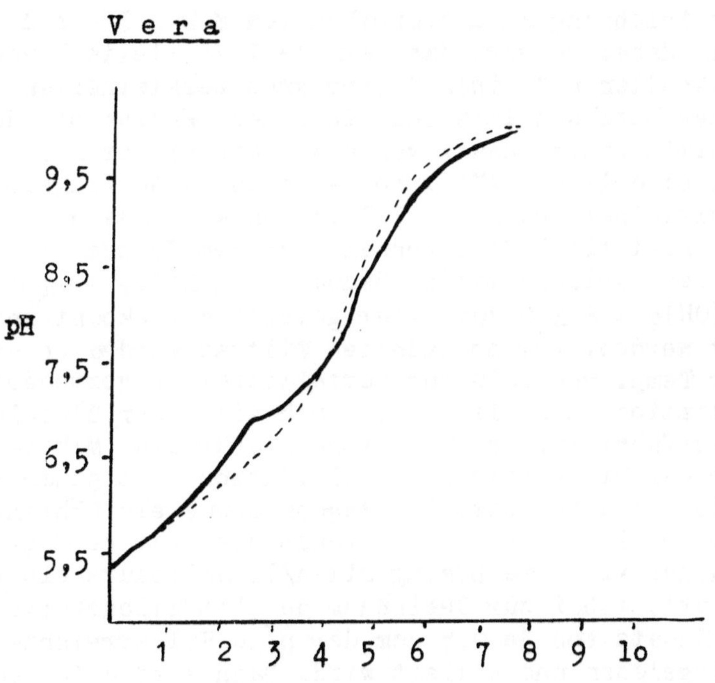

Fig. 1

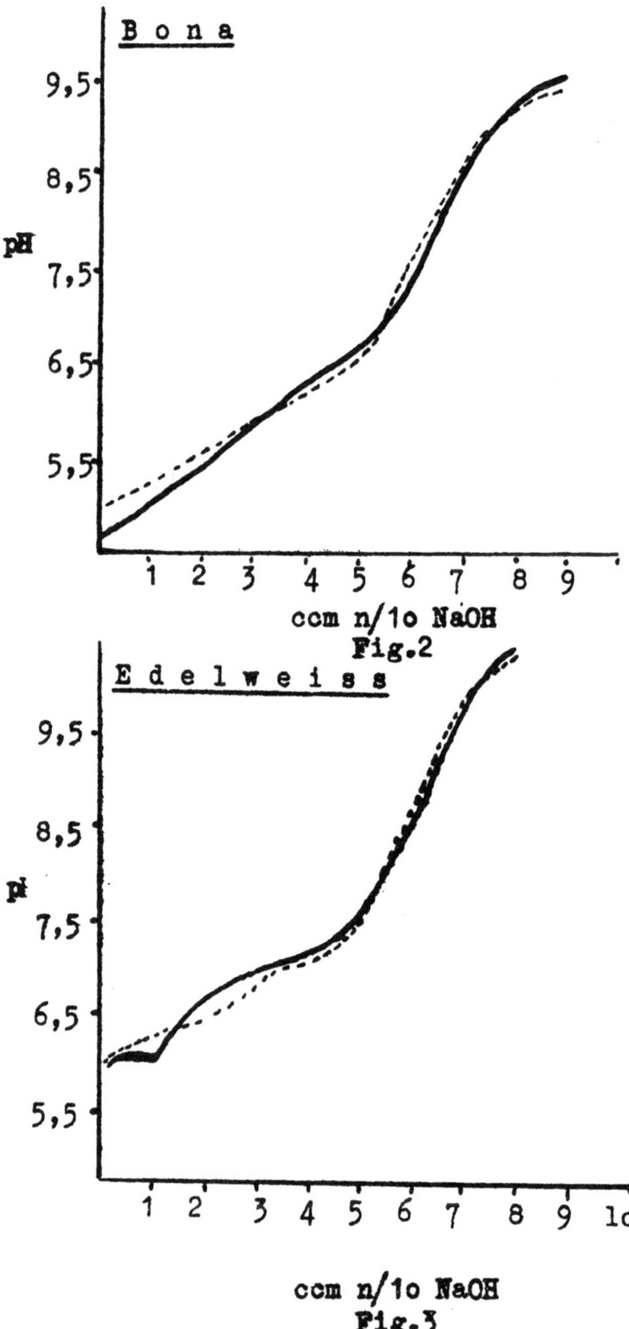

B o n a
pH
9,5
8,5
7,5
6,5
5,5
1 2 3 4 5 6 7 8 9
ccm n/1o NaOH
Fig.2
E d e l w e i s s
pH
9,5
8,5
7,5
6,5
5,5
1 2 3 4 5 6 7 8 9 1o
ccm n/1o NaOH
Fig.3

Gleiche Kurven werden jedoch nur erhalten, wenn die
Messungen in kurzen Abständen wiederholt werden, da
sich während der Lagerungszeit der Kartoffeln offenbar die Aminosäurezusammensetzung änderte.

Eine erste Versuchsreihe prüfte, in welchem
Umfang der schon von E k e l u n d angegebene Einfluss des S t a n d o r t e s auf den Kurvenverlauf vorhanden
ist und etwa störend wirken könnte. Zu diesem Versuch wurden Knollen verwendet, die von einem Feld
bei Admont, Seehöhe 641 m, sandiger Lehmboden, geerntet worden waren und Knollen der gleichen Sorten, an-
gebaut auf der Kaiserau bei Admont, 1o2o m hoch, auf
lehmigem und humosem Sandboden. Die verwendeten Sorten waren Aquila und Frühbote.

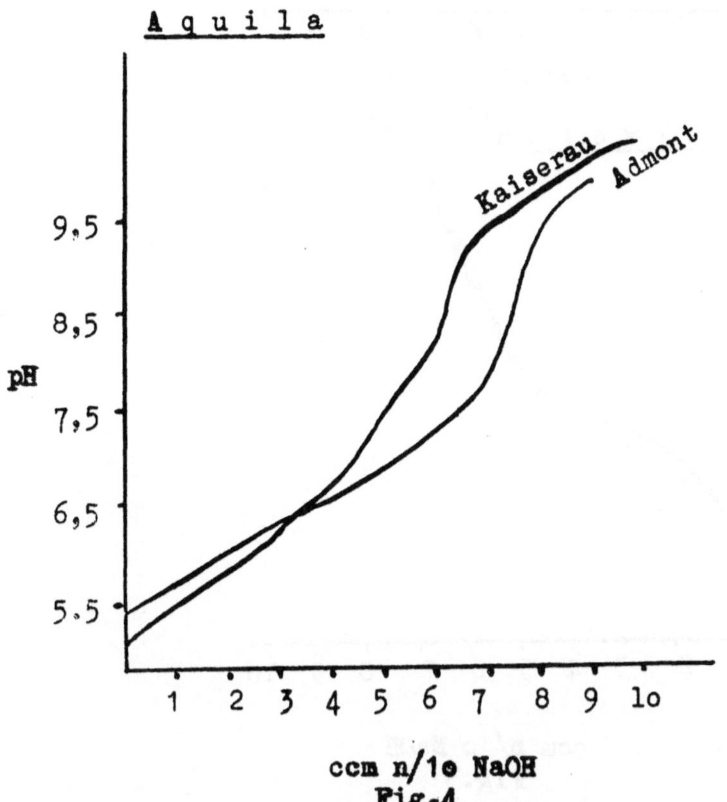

Fig.4

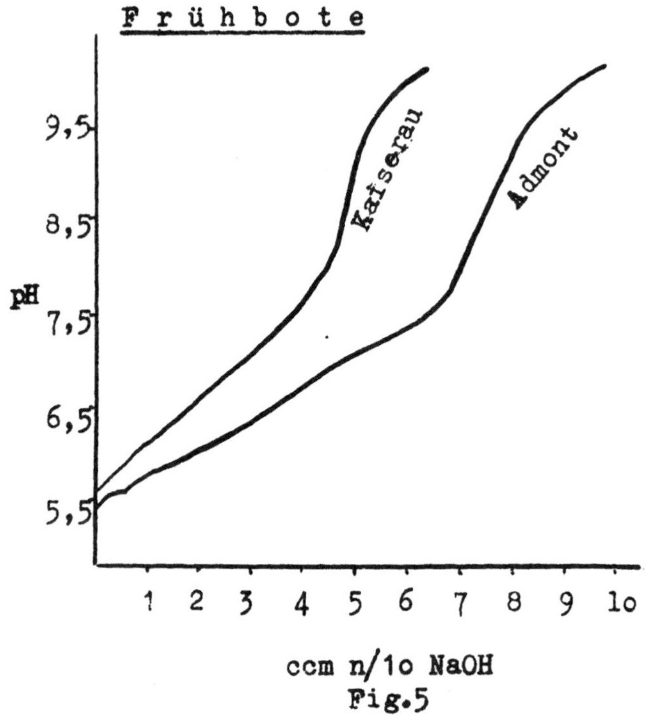

Fig.5

Wie die Kurven 4 und 5 zeigen, ist die Wirkung der
Höhenlage und des Bodens ziemlich ausgeprägt. Die Unterschiede, bedingt durch den Standort sind beträchtlich und
vielfach grösser als die zwischen verschiedenen Sorten
(vgl. unten).

Eine weitere Versuchsreihe sollte die erwarteten
sortentypischen Unterschiede im Kurvenverlauf erfassen.Ob-
wohl etwa 15 Sorten untersucht wurden und das Untersuch-
ungsmaterial so ausgewählt war, dass sich darunter früh-
und spätblühende,Speisekartoffeln und Kartoffeln zur in-
dustriellen Verwertung befanden, lag der Anfangswert der
Titrationskurven durchwegs bei pH 5,5, während in der Arbeit E k e l u n d s Schwankungen zwischen pH 4,5 und
pH 7 erwähnt werden. Aus den nächstehend abgebildeten Kurven ist ersichtlich, dass die verschiedenen Sorten teils

sehr verschiedene, teils aber so ähnliche Kurven ergaben, dass damit eine Unterscheidung der einzelnen Sorten nicht möglich ist.

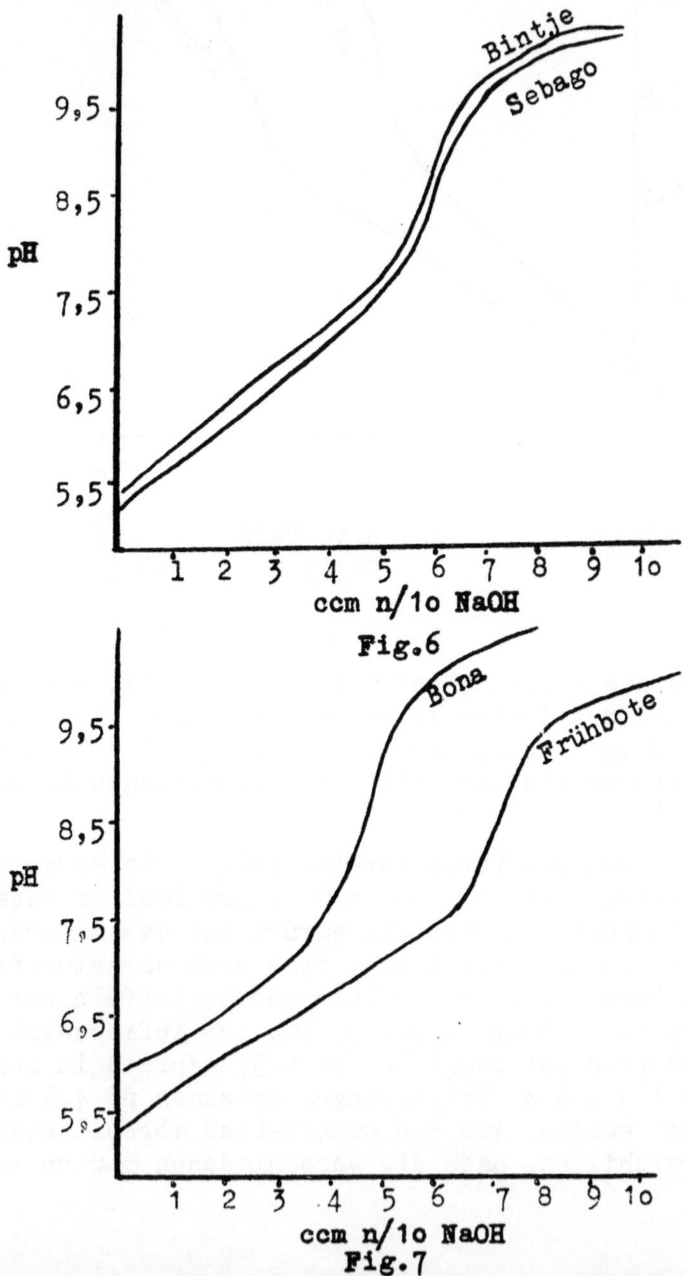

Fig.7

pH
9,5
8,5
7,5
6,5
5,5
1   2   3   4   5   6   7   8   9   1o
ccm n/1o NaOH
1 - Biene
2 - Robusta
3 - Edelweiss
4 - Roswitha
.5 - Bona
6 - Vera
7 - Jacobi
8 - Parnassia
9 - Aquila
1o - Böhm's Allerfrüheste
11 - Kathadin
12 - Sebago
13 - Frühbote

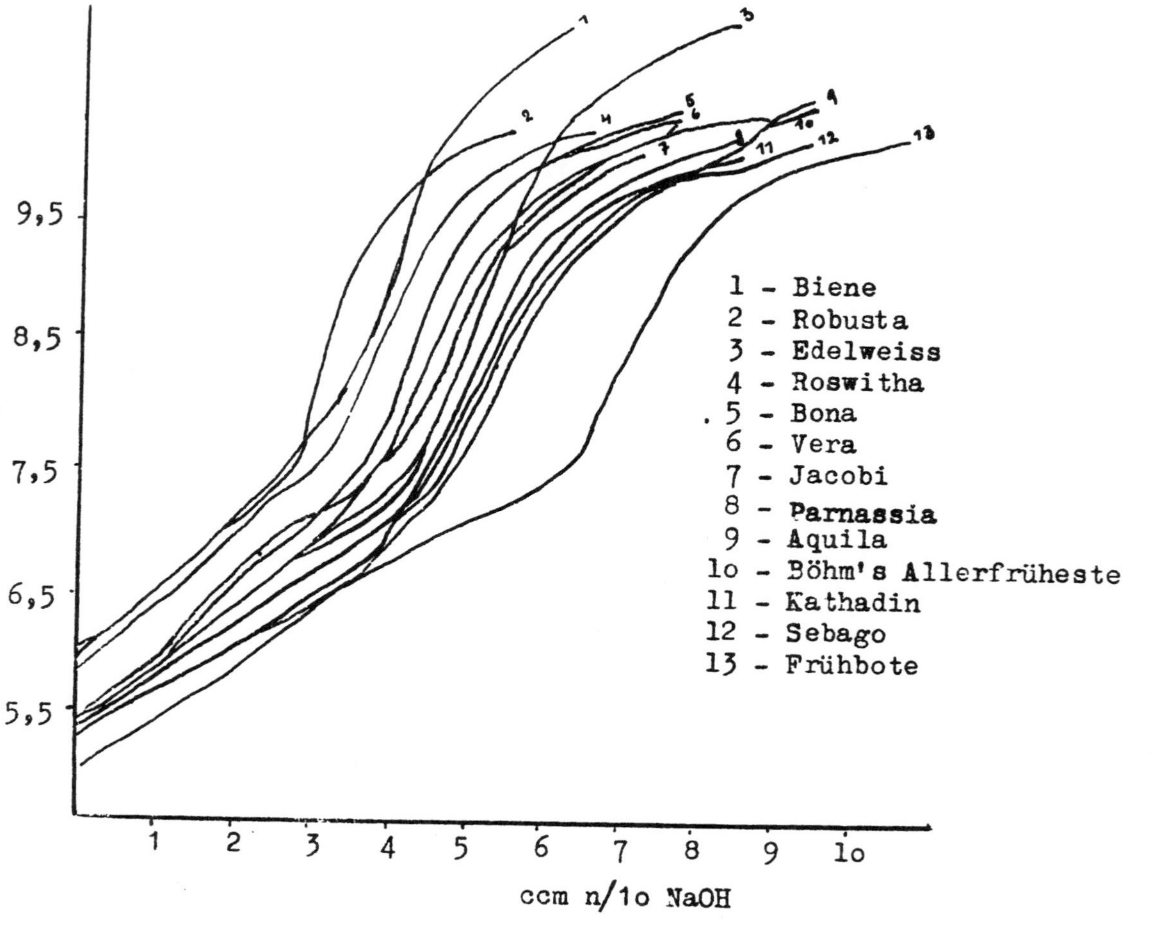

Fig.8

Da S c h u p h a n mit Eiweisshydrolysaten ge-
arbeitet hatte und hier Unterschiede in der Aminosäurezusammensetzung zwischen gesunden und viruskranken
Kartoffeln gefunden hatte, wurde versucht, auf fermen-
tativem Weg eine Eiweisspaltung durchzuführen und nach-
her die Titrationskurven aufzunehmen. Der Kartoffel-
preßsaft wurde mit Salzsäure und Pepsin versetzt und
stand dann bei 39° im Thermostaten. In bestimmten Zeit-
abständen wurden Proben entnommen und die Kurve regi-
striert. Sie blieb ungefähr 15 Stunden gleich und ver-
flachte mit zunehmendem Gehalt an Aminosäuren. Auch
nach der Hydrolyse bekamen wir bei verschiedenen Sorten teils sehr verschiedene Kurven und teils solche,
die wie gut übereinstimmende Doppelproben aussehen.

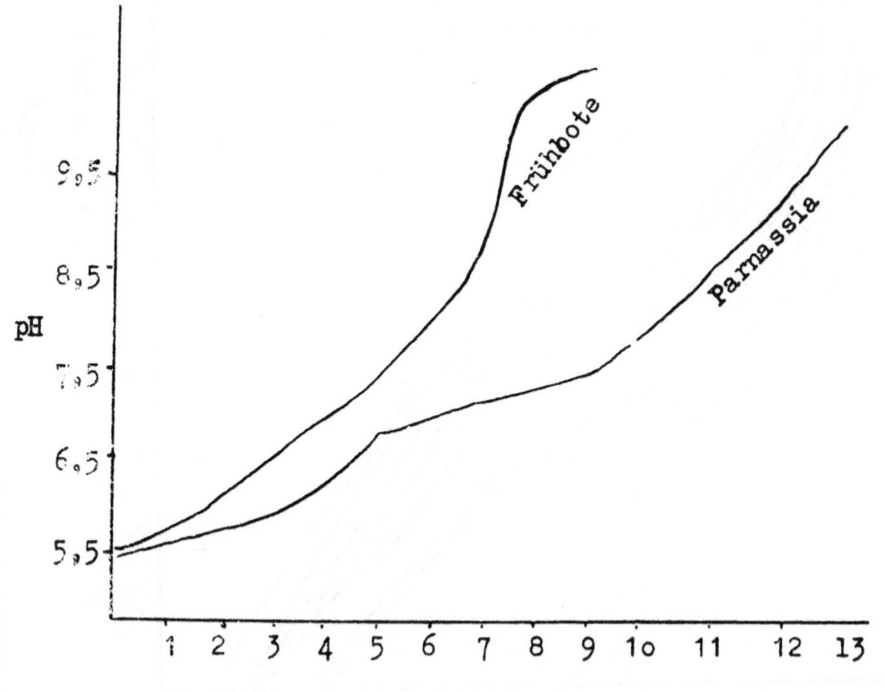

Fig.9

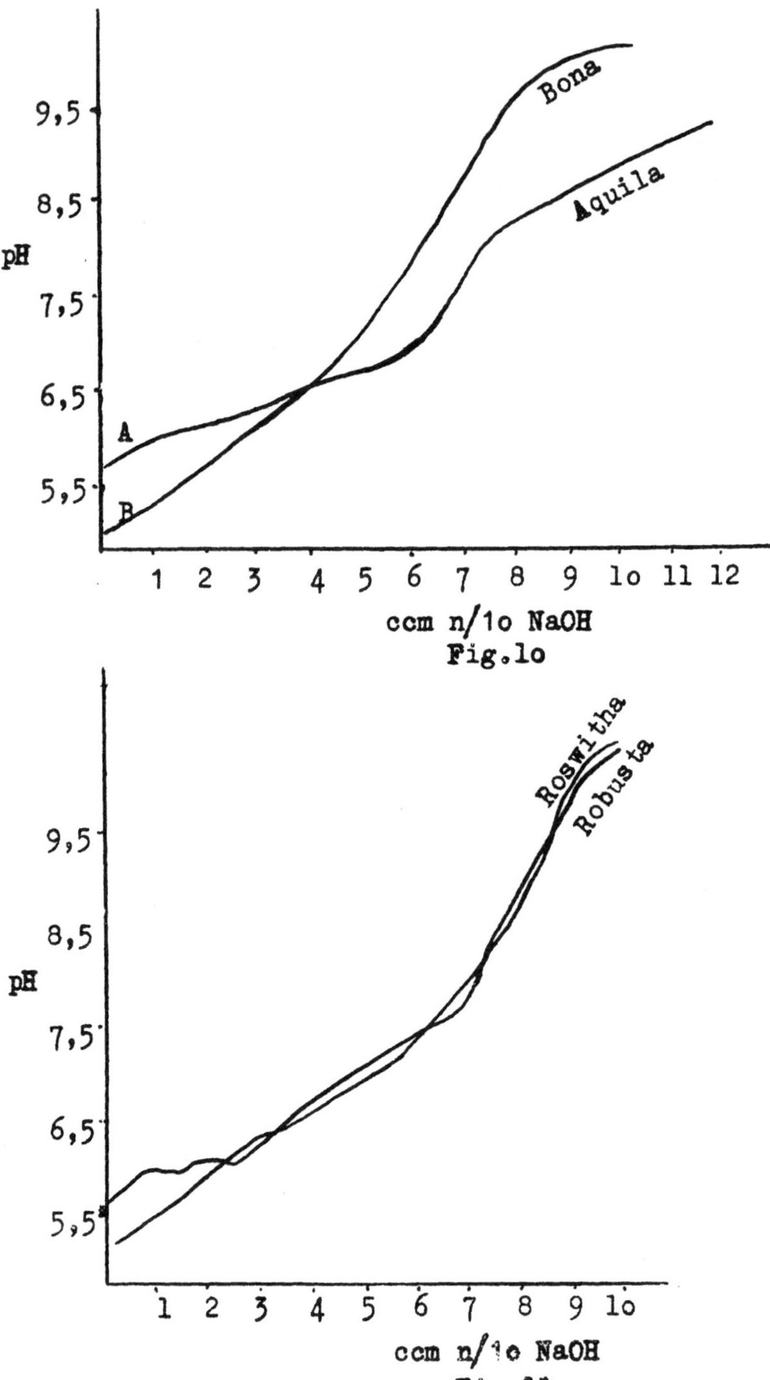
pH
9,5
8,5
7,5
6,5
5,5
A
B
Bona
Aquila
1 2 3 4 5 6 7 8 9 lo 11 12
ccm n/1o NaOH
Fig.1o
pH
9,5
8,5
7,5
6,5
5,5
Roswitha
Robusta
1 2 3 4 5 6 7 8 9 lo
ccm n/1o NaOH
Fig.11

Zusammenfassend lässt sich sagen, dass es mit der von E k e l u n d vorgeschlagenen Methode nicht möglich ist, Sortenunterschiede bei den Kartoffeln zu erfassen und dass daher auch keine Aussicht besteht, auf diesem Wege zu einer praktisch bedeutungsvollen Diagnose für viruskranke Kartoffelknollen zu kommen. Einer brieflichen Mitteilung von Herrn Dr. E k e l u n d entnehmen wir übrigens, dass auch bei seinen weiteren Versuchen die Methode die in sie gesetzten Erwartungen nicht erfüllt hat und daher verlassen wurde.

Literaturverzeichnis

1) Andreae, W.A.,   "Effect of Leaf Roll Virus on the
   Thompson, K.L.,   Amino Acid Composition of Potato
                         Tubers".
                         Nature 166, 72-73, 1950

2) Ekelund, Sigvard,   "Eine biochemische Methode zur
                         Sortenbestimmung bei Kartoffeln".
                         Züchter 19, 118-119, 1948

3) Schuphan, W.,   "Eine kolorimetrische Schnellme-
                         thode (modifizierter Tryptophan-
                         Schnelltest) zur Unterscheidung
                         gesunder und viruskranker Kartof-
                         feln."
                         Ztschr.f.Pflanzenkrankheiten und
                         Pflanzenschutz 57, 321-327,1950

Aus der Bundesanstalt für alpine Landwirtschaft
in Admont
(Leiter: Univ.Prof.Dr.A. Zeller)

"Leistungsprüfung in der Schweinezucht"
(Eine Literaturübersicht)

Von W. Obritzhauser

Für die Wirtschaftlichkeit jedes Viehbestandes
sind zwei Faktoren von entscheidender Bedeutung: Die
Z u c h t -und die N u t z l e i s t u n g. Beide können nur in dem Ausmass aktiviert werden, in welchem
sie anlagebedingt im Tier vorhanden sind. Dies gilt
für alle landwirtschaftlichen Haustiere in gleicher
Weise. Die Feststellung der Zucht-und Nutzleistungsfähigkeit zur Beurteilung der vollen Leistungskraft
der Tiere ist beim Milchvieh am weitesten vorgeschrit-
ten, weil hier beide Leistungen in ursächlichem Zusammenhang stehen. Die Erfolge einer gemeinsamen Zucht-
und Nutzleistungsbewertung sind auf diesem Gebiete auch
nicht ausgeblieben. Beim Pferd werden durch die Einführung der Zugleistungsprüfung gleiche Wege beschrit-
ten, um auch hier die Nutzleistung als Hauptbestand-
teil der Gesamtbeurteilung zu verwenden.

In der S c h w e i n e z u c h t begnügte
man sich lange mit der Feststellung der Zuchttauglich-
keit.Die Anzahl Ferkel je Wurf als Mass der Fruchtbarkeit und das 4-Wochen-Gewicht des Wurfes als Mass-
stab für die Säugeleistung der Muttersau und für die
Wüchsigkeit der Ferkel (Aufzuchtvermögen) werden zur
zahlenmässigen Beurteilung des Zuchtwertes herangezogen. Durch die Einführung der Mastleistungsprüfung in
Verbindung mit der Schlachtwertbeurteilung wird auch
die Nutzleistungsfähigkeit erfasst und in die Gesamtbeurteilung einbezogen. Zum Unterschied vom Milchvieh,
bei welchem die Milchleistung durch die Geburt des Kal-

bes ausgelöst wird, so dass die Nutzleistung des Muttertieres in Verbindung mit dem Zuchtwert des Vatertieres zur Bewertung der Zuchttauglichkeit des heranwachsenden Jungtieres verwendet wird, muss beim Schwein der Nutzwert der Elterntiere durch Prüfung der Nutzleistung ihrer Nachkommen bestimmt werden.

Die Fruchtbarkeit und das Aufzuchtvermögen sind für die Beurteilung des Zuchtwertes von Sauen und Ebern von grösster züchterischer und wirtschaftlicher Bedeutung.

Die F r u c h t b a r k e i t der Muttersau wird in erster Linie durch die Zahl der befruchtungsfähigen Eier und durch die Anzahl der in einem früheren oder späteren Entwicklungsstadium absterbenden Früchte bestimmt. Beide Vorgänge, die Ovulation und die fötale Atrophie sind erblich bedingte Eigenschaften und sind als Leistungsanlagen wahrscheinlich polygen bedingt (H a m m o n d 6). Die Zahl der durchschnittlich lebendgeborenen Ferkel einer Muttersau ist somit ein Ausdruck für die Fruchtbarkeit des betreffenden Tieres. Die Fruchtbarkeit ist beim ersten Wurf am niedrigsten und nimmt dann bis zum 4. - 5. Wurf zu. Um die Fruchtbarkeit von Tieren mit verschiedenen Wurfnummern miteinander vergleichen zu können, haben Z o r n, K r a l - l i n g e r und S c h o t t (24) Korrekturzahlen für die einzelnen Wurfnummern beim deutschen Edelschwein erstellt. Diese Zahlen wurden aus einem Material von 6000 Würfen errechnet und werden im folgenden angeführt:

Korrekturzahlen für die Fruchtbarkeit bei verschiedenen Wurfnummern

Wurfnummern	1	2	3	4	5	6	7	8	9
Zuschlag an Ferkeln	+0,89	+0,36						+0,08	+0,22
Abzug			-0,18	-0,29	-0,34	-0,52	-0,19		

Die von Z o r n und K r a l l i n g e r (24)
mit diesem umfangreichen Material durchgeführten weiteren
Untersuchungen haben noch folgendes gezeigt: Die Jahreszeit hat auf die Ferkelzahl keinen Einfluss. Auch die Anzahl aufgezogener Ferkel steht zur Jahreszeit in keiner
Beziehung. Das Aufzuchtvermögen aber verschlechtert sich
zur kalten Jahreszeit hin.

Die Frage, ob der erste Wurf als Wertmesser für
die Fruchtbarkeit und das Aufzuchtvermögen des Muttertieres verwendet werden kann, wurde von zahlreichen Autoren
untersucht (H a r i n g 7, H o f m a n n lo, K o b l i-
s c h e k 12). Es wurde übereinstimmend festgestellt,
dass die Anzahl Ferkel im ersten Wurf für die spätere
Fruchtbarkeit des Muttertieres bestimmend ist. Das Gleiche gilt auch für das Aufzuchtvermögen (4-Wochen-Wurf-
gewicht) beim ersten Wurf. Je grösser der Erstlingswurf
ist, um so mehr wird das Gesäuge beansprucht und es bildet sich daher besser aus (K o b l i s c h e k 12). Von
allen genannten Autoren werden für den ersten Wurf
9 - lo lebendgeborene und 7 - 8 aufgezogene Ferkel verlangt.

Zwei Tabellen sollen diese Verhältnisse aufzeigen.
Sie sind einer Arbeit von H a r i n g (7) entnommen und
zeigen die Abhängigkeit der Wurfgrösse und des Aufzucht-
vermögens beim ersten Wurf zur Wurfgrösse und zum Aufzuchtvermögen in den folgenden Würfen.

A. Aufzuchtleistung

Aufgezogene Ferkel im 1. Wurf	Anzahl Sauen	Anzahl Wür-fe nach d. 1. Wurf	Anzahl Würfe je Sau	Durchschnittlich aufgezogene Ferkel der späteren Würfe
unter 5	41	169	4,12	7,94
5 - 6	177	699	3,95	8,02
7 - 8	352	1429	4,06	8,28
9 - lo	3o1	1217	4,06	8,39
11	73	3o2	4,14	8,82
über 11	32	14o	4,37	9,09
Insgesamt	976	3956	4,05	8,37

Aus dieser Tabelle geht hervor, dass mit zunehmender Zahl aufgezogener Ferkel im ersten Wurf auch die Zahl der durchschnittlich aufgezogenen Ferkel in den späteren Würfen ansteigt.

B. <u>Säugeleistung (4-Wochen-Gewicht)</u>

28 Tage Wurf-gewicht beim 1. Wurf kg	Anzahl Sauen	Anzahl Würfe nach d. 1. Wurf	Anzahl Würfe je Sau	Durchschnittliches 28 Tage-Wurfgewicht d. späteren Würfe kg
unter 40	129	554	4,29	52,96
40 - 50	1o2	428	4,2o	55,67
45 - 50	122	464	3,80	56,12
5o - 55	131	5o1	3,82	56,91
55 - 60	134	550	4,1o	56,94
60 - 65	1oo	393	3,93	58,72
65 - 7o	6o	228	3,80	6o,63
7o - 75	47	195	4,15	62,62
über 75	74	278	3,76	65,34
Insgesamt	945	3591	3,98	58,43

Diese Tabelle zeigt die Abhängigkeit der Säugeleistung beim ersten Wurf zum späteren Aufzuchtvermögen. Bei einem 4-Wochen-Wurfgewicht von 4o kg im Erstlingswurf betrug das durchschnittliche Wurfgewicht der späteren Würfe mit 4 Wochen 52,96 kg. Bei einem 28-Tage-Wurfgewicht von 65 - 7o kg im ersten Wurf erreichten die späteren Würfe ein durchschnittliches 4-Wochengewicht von 6o,63 kg. Es besteht somit eine enge Beziehung zwischen der Qualität des Erstlingswurfes und der folgenden Würfe. Dies gilt für die Fruchtbarkeit und das Aufzuchtvermögen in gleicher Weise. Z o r n und K r a l l i n g e r (24) haben für den Vergleich der 4-Wochengewichte verschieden starker Würfe einen Normalwurf von 1o geborenen und 8 verbleibenden Ferkeln als Bezugsgrösse verwendet.

In diesem Zusammenhang muss auch der grosse Wert
ausgeglichener Würfe hervorgehoben werden. S c h m i d t
(19) führt hiezu an, dass es Muttertiere mit gut ausgeglichenen und solche mit sehr unausgeglichenen Würfen
gibt. Es dürfte sich hier um eine erbliche Eigenschaft
der Muttertiere handeln. Tiere mit ausgeglichenen Würfen
sind daher zu bevorzugen.

Zur Säugeleistung soll hier noch ergänzend erwähnt werden, dass die Milchleistungsfähigkeit der Muttersau wie die der Kuh anlagebedingt ist. Die Zusammensetzung
der Sauenmilch wurde in Friedland eingehend untersucht.300
Milchproben ergaben einen durchschnittlichen Fettgehalt
von 7 - 9 %, 80 Untersuchungen zeigten einen durchschnittlichen Proteingehalt von 7 - 8 % (S c h m i d t 19).Beim
veredelten Landschwein wurde festgestellt, dass ein Mut-
tertier, das 8 Ferkel in einer 8-wöchigen Säugeperiode
aufzieht, im Durchschnitt täglich 3 - 4 l Milch produziert.
Es geht daraus der grosse Bedarf an Nährstoffen hervor,
der zur Erzeugung dieser Milchmenge mit der oben angeführten Zusammensetzung notwendig ist.

Bei der Auswahl von Zuchtsauen ist auf ein gut
ausgebildetes Gesäuge zu achten. Nach Untersuchungen aus
Ruhlsdorf ist die Zitzenzahl erblich bedingt. Es muss
bei Sauen und Ebern die Ausbildung von mindestens 12 Stri-
chen verlangt werden. Soweit bisher bekannt, drücken Eber
mit geringer Zitzenzahl die Zahl der Striche der Nachkommen
auch von Sauen mit hoher Zitzenzahl (N a c h t s h e i m
14).

Es muss an dieser Stelle auch auf die Bewertung der
Fruchtbarkeit von Z u c h t e b e r n näher eingegangen
werden. Die Bewertung der Fruchtbarkeit von Ebern wurde
früher so vorgenommen, dass die durchschnittliche Ferkelzahl der von einem Eber gedeckten Sauen als Maßstab der
Fruchtbarkeit des Ebers angesehen wurde. Wie Z o r n,
K r a ß l i n g e r und S c h o t t (24) nachweisen,
wird durch diese Berechnung keine Bewertung der Fruchtbarkeit des Ebers, sondern lediglich die durchschnittliche
Fruchtbarkeit der von diesem Eber gedeckten Sauen ermit-

telt. Dies aber auch nur unter der Voraussetzung, dass
die Wurfnummern der einzelnen Sauen nicht zu weit aus-
einanderliegen. Derzeit wird zur Beurteilung der vermut-
lichen Fruchtbarkeit von Zuchtebern der Wurf der Muttersau angegeben, aus welchem der Eber stammt. Wie weit durch
diese Angabe eine Schätzung der Fruchtbarkeit des Zucht-
ebers möglich ist, muss erst untersucht werden. Jedenfalls
wird auch hier nur ein Elternteil berücksichtigt. Es kann
auf diese Weise auch nicht festgestellt werden, ob und in
welchem Ausmass der Eber die Leistung beeinflusst. Es ist
keinesfalls gleichgültig, ob ein Eber die Fähigkeit besitzt, bereits h o h e Fruchtbarkeit noch zu steigern
oder zumindest zu halten, oder ob er nur imstande ist
eine g e r i n g e Fruchtbarkeit zu heben (Z o r n und
K r a l l i n g e r 24).

Bei der Bewertung der Fruchtbarkeit des Ebers muss
bedacht werden, dass die Sau mit ihrer kurzen Brunstdauer
von 2 Tagen eine Bewertung der Fruchtbarkeit des Ebers
(Lebensfähigkeit des Spermas) nicht zulässt, da das Eber-
sperma in diesem Zeitraum voll befruchtungsfähig bleibt.
Es kann daher beim Eber nur eine normale Fruchtbarkeit
oder Sterilität festgestellt werden. Die Feststellung einer Variabilität der Fruchtbarkeit von Ebern durch Vergleich der Fruchtbarkeit der von ihnen gedeckten Muttersauen ist daher nicht möglich (Z o r n 24). (Wesentlich
anders liegen die Verhältnisse beim Pferd. Da eine Stute
ungefähr 6 Tage rosst, hängt es von der Lebenskraft des
Spermas eines Deckhengstes wesentlich ab, ob eine Befruch-
tung erreicht wird). Die Anzahl Ferkel je Wurf ist daher
nur ein Maßstab für die Fruchtbarkeit der Muttersau. Die
Vererbung der Fruchtbarkeit eines Ebers kann daher nur
über einen Vergleich der Fruchtbarkeitsverhältnisse der
von einem Eber gedeckten Muttersauen mit ihren Tochter-
sauen ermittelt werden. Ein Beispiel, das einer Abhand-
lung von P r o b s t und O b e r (16) entnommen ist,
soll dies zeigen.

<u>Leistungsvererbung von Ebern:</u>

Eber	Deck-jahre	Anzahl Töchter	Anzahl ges.	Würfe je Tochter	Durchschnittsleistung der Töchter		Anpaarungsleistung des Ebers		
					g.F.	a.F.	Würfe	g.F.	a.F.
A	1944-46	16	98	6,1	11,3	9,5	63	1o,9	8,5
B	1945-49	2o	61	3,1	1o,o	8,1	82	1o,8	8,5
C	1946-48	18	6o	3,3	1o,8	9,7	1o2	1o,9	9,1
D	1944-46	18	5o	2,8	1o,o	8,6	27	11,o	9,1
E	1945-47	13	36	2,8	9,2	8,2	7	1o,6	9,9
F	1946-47	13	45	3,5	11,9	9,4	39	9,4	8,3

Betrachtet man in dieser Aufstellung die Anpaarungsleistung der Eber A und B so wären diese beiden als gleichwertig anzusehen. Nimmt man jedoch die durchschnittliche
Leistung der Töchter in die Beurteilung mit hinein, so
zeigt der Eber A eine bessere Vererbung der Fruchtbarkeit
als der Eber B. Ebenso liegen die Verhältnisse bei den E-
bern E und F. Bei Beachtung der Anpaarungsleistung ist der
Eber E dem Eber F überlegen. Die Töchterleistungen zeigen
jedoch, dass der Eber F in der Vererbung der Fruchtbarkeit
besser ist. (Am zweiten Beispiel wird der Wert des Ver-
gleiches durch die geringe Anpaarungszahl 7 vom Eber E ge-
drückt). Man sieht an Hand dieses kleinen Beispiels, dass
der Leistungswert eines Tieres nicht durch die Eigenleist-
ung selbst, sondern nur durch den Vergleich der Eigen-
leistung und der Leistung der Nachkommen bestimmt werden
kann.

Daraus ergibt sich der praktische Vorschlag, den
Erbwert von Zuchtebern hinsichtlich Fruchtbarkeit durch
Vergleich der Fruchtbarkeit der von ihnen gedeckten Mut-
tersauen mit deren Töchtersauen festzustellen, diese Wer-
te in die Zuchtleistungsprüfung einzubauen und sie in den
Abstammungstafeln zu vermerken. Beträgt z.B. bei einem
Eber A die durchschnittliche Fruchtbarkeit der von ihm ge-
deckten Muttersauen lo,57 Ferkel, die Tochterleistung bei
12 Töchtern durchschnittlich 12,o Ferkel, so hat dieser
Eber die Fruchtbarkeit um 1,57 Ferkel erhöht. Ein anderer
Eber B hat zum Beispiel folgende Leistungen aufzuweisen:

      Mutterleistungen im Durchschnitt 12,o Ferkel
   2o Tochterleistungen im Durchschnitt lo,3 Ferkel

Dieser Eber hat somit die Fruchtbarkeit um 1,7
Ferkel vermindert. Die Daten der Fruchtbarkeitsvererbung
dieser beiden Eber würden daher lauten:

    Eber A   lo,5   12,o   + 1,5
                  (Mutterleistung) (Tochterleistung)
    Eber B   12,o   lo,3   - 1,7

Der Eber A wäre somit als Erhöher der Fruchtbarkeit
und der Eber B als Verminderer der Fruchtbarkeit anzusehen.

Zur Feststellung der Nutzleistungsfähigkeit bemühte man sich auch beim Schwein ä u s s e r e M e r k m a l e zu finden, die in engen Grenzen doch einigermassen sichere Rückschlüsse auf die Nutzleistungsfähigkeit ihrer Träger zulassen. Wir kommen hiemit zur Frage ob zwischen Form und Leistung bestimmte Beziehungen bestehen. Es wäre, wie B r ü g g e m a n n (2) feststellt, von grosser wirtschaftlicher Bedeutung, wenn man gerade beim Schwein mit seiner raschen Generationenfolge und der grossen Zahl von Nachkommen (im Verhältnis zu Pferd und Rind) den "richtigen Typ" finden könnte, der die Fähigkeit besitzt, beste Nutzleistung zu erbringen.

Der Typbegriff wird von A d l u n g (1) folgendermassen umschrieben:

"Unter Typ versteht man das Gesamtbild der die Nutzungseigenschaften eines Tieres ausdrückenden Körpermerkmale".

Zu dieser Frage liegen eine Reihe von Arbeiten vor, die keinesfalls zu einem einheitlichen Ergebnis geführt haben.

Aus einem von S c h n e i d e r (22) bearbeiteten Zahlenmaterial der Kraftborner Schweineleistungsprüfungen gibt B r ü g g e m a n n (2) Zahlen wieder, die die Streubreite der einzelnen Körpermasse von loo kg Schweinen zeigen. Die hier wiedergegebenen Werte für die einzelnen Masse wurden von 144 kastrierten männlichen und 144 weiblichen Masttieren erhalten. B r ü g g e - m a n n erwähnt hiezu, dass es sich um Tiere aus einem engbegrenzten Zuchtgebiet handelt, die bei völlig gleichen Bedingungen gemästet wurden.

Körpermasse	Männliche Tiere		Weibliche Tiere	
	$m \pm \sigma$	Schwankungsbreite	$m \pm \sigma$	Schwankungsbreite
Widerristhöhe	64,6 ± 3,27	57 - 82	64,6 ± 2,81	58 - 72
Kreuzhöhe	67,8 ± 2,61	58 - 77	67,7 ± 2,15	62 - 73
Brusttiefe	36,0 ± 1,76	31 - 47	35,5 ± 2,04	28 - 39
Brustbreite	29,5 ± 1,61	26 - 36	28,6 ± 1,83	24 - 35
Brustumfang	110,0 ± 3,78	100 -120	108,8 ± 3,49	102 -118
Umdrehbreite	28,8 ± 1,57	25 - 34	28,3 ± 1,65	25 - 35
Rumpflänge	85,6 ± 3,51	78 - 94	85,9 ± 3,20	78 - 94
Röhrbeinumfang	16,2 ± 0,71	14 - 19	16,1 ± 0,71	15 - 19

B r ü g g e m a n n kommt auf Grund dieser Ergebnisse zu dem Schluss, dass loo kg Schweine gleicher Rasse eben keinen einheitlichen Typ verkörpern und führt an anderer Stelle wörtlich aus: " Es muss klar erkannt werden, dass die Beziehungen zwischen der Mast-und Schlachtleistung und den Körpermassen kaum als rasseeigentümlich angesprochen werden können; dort, wo sie vorhanden sind, sind sie vielmehr innerhalb der Rasse familiengebunden."

Aus der angeführten Arbeit geht weiter hervor, dass zwischen der Widerristhöhe und der Mast-und Schlachtleistung keine gesicherte Beziehung besteht. Das Gleiche gilt bei diesem Material für die absolute und relative Brusttiefe. Dieses Ergebnis steht in Widerspruch zu dem von S c h m i d t, F o r s t h o f f und W i n z e n b u r g e r (17) gefundenen Beziehungen zwischen relativer Brusttiefe und der Mast-und Schlachtleistung. Für die Beziehungen Brustumfang und Mastdauer sowie Brustumfang und Schlachtleistung wurden geringe aber doch gesicherte Korrelationskoeffizienten gefunden.

Demnach weisen loo kg Schweine mit grösserem Brustumfang
eine kürzere Mastdauer und ein engeres Fleisch-Fettverhältnis auf. Für die Rumpflänge wurde festgestellt, dass
bei zunehmender Rumpflänge die Speckdicke abnimmt und
damit auch das Fleisch-Fettverhältnis weiter wird.

D ü r r w ä c h t e r , H ö r s t und B a d e r
(4) kommen ebenfalls zu dem Schluss, dass die Zugehörig-
keit eines Tieres zu einem bestimmten Typ keine Gewähr
für gewünschte Leistungen bietet.

Einen weiteren Beitrag zur Lösung dieser Frage
erbrachten S c h m i d t , F o r s t h o f f und
W i n z e n b u r g e r (17), die eine bestehende
Abhängigkeit der Masttauglichkeit und Schlachtgüte vor
allem von den Breitenmassen ihres Materials nachwiesen.
Aus dieser Arbeit geht hervor, dass es bei der Züch-
tung von Schweinen im Hinblick auf ihre spätere Ver-
wendungsfähigkeit zur Mast vor allem darauf ankommt,
Tiere zu finden und weiterzuzüchten, die im Verhältnis
zur Widerristhöhe eine tiefe Brust haben. S c h m i d t
kommt am Ende dieser Arbeit zu dem Schluss, dass

1.) Zuchtwahl auf grosse relative Brusttiefe auf
    eine Verbreiterung und Vertiefung des gesam-
    ten Rumpfes hinausläuft und

2.) dass durch zunehmende relative Brusttiefe
    die Mastdauer abnimmt, der Schlachtverlust
    zurückgeht und der Fettanteil auf Kosten
    des Fleischanteils grösser wird.

Breite und tiefe Formen ermöglichen durch den
grossen und weiten Raum, den sie den einzelnen Organen
geben, ein harmonisches Zusammenwirken sämtlicher Orga-
ne. Das Futteraufnahmevermögen und damit die täglichen
Zunahmen werden grösser, wodurch eine bessere wirtschaftliche Futterverwertung erreicht wird.

Die zweite Voraussetzung für die Wirtschaftlichkeit eines Viehbestandes ist die N u t z l e i s t-

u n g, die dieser zu erbringen hat.Hier muss sich eine
richtige Fütterung mit einem entsprechenden Leistungsvermögen treffen, wenn der wirtschaftliche Erfolg gesichert sein soll. Das Schwein liefert uns als Nutzleistung
Fleisch und Fett. Die von Rasse zu Rasse bestehenden Unterschiede im Leistungsvermögen sind wesentlich geringer,
als die Unterschiede, die innerhalb jeder Rasse gefunden
werden. Die Nutzleistung beim Schwein steht in nicht so
ursächlichem Zusammenhang mit der Zuchtleistung, wie dies
beispielsweise beim Milchvieh der Fall ist. Die Milchleistung wird hier durch die Geburt eines Kalbes ausgelöst und bedarf einer mengen-und qualitätsbestimmenden
Feststellung um die Leistungsfähigkeit des Muttertieres
festzuhalten und daraus auf die in Zukunft zu erwartende
Leistungsfähigkeit des heranwachsenden Jungtieres zu
schliessen. Bei der Nutzleistung des Schweines liegen die
Verhältnisse etwas anders. Die Nutzleistungsfähigkeit der
Muttertiere kann hier n u r über die Nutzleistung ihrer
Nachkommen bestimmt werden. Es muss daher durch die Mastleistung der Nachkommen der Nutzleistungswert des Muttertieres erfasst werden. Dabei müssen wir uns der Tatsache bewusst bleiben, dass alle Verfahren zur Leistungsprüfung bei unseren landwirtschaftlichen Haustieren die
Leistungsfähigkeit der einzelnen Tiere nur annäherungsweise bestimmen können. Wir müssen nur trachten, durch
immer genauere Methoden der Feststellung den wahren Leistungswert unserer Tiere immer genauer zu bestimmen.

Die grossen Unterschiede im Leistungsvermögen gehen
aus einem Zahlenmaterial von S c h m i d t (21) deutlich hervor. Es muss bei diesem Zahlenmaterial noch darauf
hingewiesen werden, dass es aus Versuchen mit einem weitaus
einheitlicherem Material stammt, als es in der breiten Lan-
deszucht vorhanden ist. Es besteht daher die berechtigte
Annahme, dass die Leistungsunterschiede bei unseren Zuch-
ten wesentlich grösser sind.

Tägliche Zunahme in Gramm
(Mastperiode 3o-loo kg)

Rasse	Durchschnitt		grösste Zu-nahme		kleinste Zu-nahme	
	♂	♀	♂	♀	♂	♀
Veredelte Landschweine 1928/29 gr	651,2	63o,6	795,5	786,5	5o3,5	46o,5
%	loo,o	loo,o	122,2	124,7	77,3	73,0
Edelschwein 1928/29 gr	642,2	635,3	959,0	824,o	522,o	455,o
%	100,0	loo,o	149,3	129,6	81,3	71,5
Berkshires gr	523,6	496,5	753,o	753,o	398,o	372,0
%	1oo,o	1oo,o	143,8	151,7	75,o	74,9
Unveredelte Landschwei-ne gr	57o,9	541,4	722,o	667,o	395,o	432,o
%	1oo,o	1oo,o	125,5	123,2	69,2	79,8

Die Spanne von der grössten zur kleinsten täg-lichen Zunahme beträgt nach dieser Tabelle:

	♂ gr	♀
Beim veredelten Landschwein	291,o	326,0
Beim Edelschwein	437,o	369,o
Bei Berkshires	355,o	381,o
Beim unveredelten Land-schwein	327,o	235,o

Die durchschnittlichen Tageszunahmen weisen von Rasse zu Rasse weit geringere Unterschiede auf.

	♂ gr	♀
Veredeltes Landschwein:Edelschwein	9,o	5,3
Berkshires:Unveredeltes Landschwein	47,3	44,9

Eine weitere Tabelle soll zeigen, welche Unterschiede in der Mastdauer bei verschiedenen Rassen gefunden wurden.

<u>M a s t d a u e r   i n   T a g e n</u>
(Mastperiode von 3o - 1oo kg)

Rasse	Durchschnitt		Kürzeste		Längste	
	♂	♀	♂	♀	♂	♀
Veredeltes Land-schwein 1928/29						
absolut	1o7,5	111,0	88,0	89,0	139,0	152,0
%	1oo,0	1oo,0	81,9	8o,2	129,3	136,9
Edelschwein 1928/29						
absolut	1o9,0	11o,2	73,0	85,0	134,0	154,0
%	1oo,0	1oo,0	67,0	77,1	122,9	139,7
Berkshire						
absolut	133,7	141,0	93,0	93,0	176,0	188,0
%	1oo,0	1oo,0	69,5	66,0	131,6	133,3
Unveredeltes Land-schwein						
absolut	122,6	129,3	97,0	1o5,0	177,0	162,0
%	1oo,0	1oo,0	79,1	81,2	144,4	125,3

In dieser Tabelle treten die Unterschiede innerhalb der einzelnen Rassen besonders deutlich hervor.

So beträgt der Unterschied zwischen der kürzesten und der längsten Mastdauer bei den einzelnen Rassen:

	T a g e		
	♂	♀	∅
Veredeltes Landschwein	51,0	63,0	57
Edelschwein	51,0	69,0	65
Berkshire	83,0	95,0	89
Unveredeltes Landschwein	8o,0	57,0	59

Die folgenden Zahlen von S c h m i d t (2o) wurden aus Versuchen mit dem veredelten Landschwein gewonnen. Sie zeigen die Mastdauer in den einzelnen Gewichtsklassen.

M a s t d a u e r   i n   T a g e n

	mittlere		längste		kürzeste	
	♂	♀	♂	♀	♂	♀
Mastperiode 12.Lebenswoche						
bis 11o kg	1o6,2	116,1	135,o	156,o	79,o	86,o
Mastperiode						
3o - 5o "	29,2	31,2	41,o	41,o	21,o	25,o
5o - 7o "	27,7	3o,3	38,o	38,o	21,o	23,o
7o - 1oo "	39,6	43,5	5o,o	65,o	27,o	32,o
Mittel d.Mastperiode						
3o - 1oo kg	96,5	1o5,o	129,o	144,o	69,o	8o,o
Mittel beider Geschlechter	1oo,8		136,o		74,o	

Der Unterschied von der kürzesten zur längsten Mastdauer beträgt daher im Mittel beider Geschlechter:

	T a g e
Mastperiode 3o - 5o kg	18
5o - 7o "	16
7o - 1oo "	28
Differenz d. Mastdauer i. d.Mastperiode 3o - 1oo kg	62

Daraus geht hervor, dass Tiere mit besonders entwickelten Leistungsanlagen eine um 62 Tage kürzere Mastdauer haben können um das Endgewicht von loo kg zu erreichen. Im angeführten Beispiel beträgt der Unterschied von der mittleren zur kürzesten Mastdauer 27 %, von der kürzesten zur längsten Mastdauer 46 %. Tiere mit sehr gutem Futteraufnahmevermögen benötigen nach diesem Beispiel nur die halbe Mastzeit um das gleiche Endgewicht zu erreichen, als Tiere mit schlechtem Futteraufnahmevermögen.

Die hier aufgezeigten Unterschiede in der Mastleistung sind nur durch genaue Prüfung der Mastfähigkeit feststellbar. Es werden auf diese Weise jene Tiere gefunden, deren Futteraufnahmevermögen sehr gross ist, deren tägliche Zunahmen dadurch hoch sind und die das geforderte Schlachtgewicht früher erreichen als Tiere mit geringerem Futteraufnahmevermögen. Diese Tiere sind die wirtschaftlich besseren Futterverwerter, weil der für die Erhaltung nötige Anteil an der gesamten Futtermenge bis zur Erreichung eines bestimmten Schlachtgewichtes wesentlich kleiner ist, da die Tiere das geforderte Endgewicht durch die höheren täglichen Zunahmen schneller erreichen. Im angeführten Beispiel wird also Erhaltungsfutter für 62 Tage Mastzeit eingespart.

Aus einem Vortrag von C l a u s e n (3) anlässlich der Wintertagung der D.L.G. in Wiesbaden vom 1.II. 1951 geht hervor, dass durch die dänischen Mastleistungsprüfungen der Bedarf an Futtereinheiten (F.E. = Futterwert von 1 kg Gerste) für 1 kg Zunahme von 3,77 auf 3,15 F.E. bei der dänischen Landrasse und von 3,89 F.E. auf 3,16 F.E. bei der Yorkshire-Rasse in den geprüften Beständen herabgesetzt wurde. Die von C l a u s e n angeführte Tabelle zeigt dies deutlich:

Die Futterverwertung
der Versuchsschweine

Der Futterverbrauch in F.E. je kg Zunahme

Jahr	Dänische Landrasse	Yorkshire Rasse
1909/1o	3,77	3,89
1919/21	3,59	3,58
1929/3o	3,39	3,31
1939/4o	3,22	3,31
1949/5o	3,15	3,16

Im Mittel beider Rassen werden somit 47 Futtereinheiten oder der Futterwert von 47 kg Gerste bei der
Mast von 2o - 9o kg eingespart. C l a u s e n kommt
auf Grund dieser Ergebnisse zu dem Schluss, dass es in
Dänemark theoretisch möglich wäre für das Jahr 1951 bei
einer Gesamtproduktion von 4,3 Millionen Schweinen
2oo.ooo Tonnen Gerste einzusparen, wenn diese bessere
wirtschaftliche Futterverwertung für die gesamte dänischen
Mastschweine zutreffen würde.

Für die Durchführung von Mastleistungsprüfungen
ist die Zahl der zur Probemast notwendigen Ferkel eines
Wurfes besonders wichtig, um einerseits sichere Ergebnisse zu erhalten und andererseits die Kosten der Prüfung
in annehmbaren Grenzen zu halten.

S c h m i d t und L a u p r e c h t (18) untersuchten an zwei vollen Würfen die Ergebnisse der Mastleistungsprüfung bei verschiedener Wahl der Probetiere.
Bei Einsendung von 2 Probetieren (ein weibliches und ein
kastriertes männliches) in die Probemastanstalt, die nach
dem mittleren Wurfgewicht ausgewählt wurden, werden die
Masteigenschaften des gesamten Wurfes mit einer für die
Praxis entsprechenden Genauigkeit erfasst. Es wird in
diesem Zusammenhang auch ein Vergleich der Streuung von

Milchleistungsprüfungsergebnissen und Mastleistungser-
gebnissen angestellt. Bei den beiden je neun Ferkel
starken Würfen betrug die grösste Abweichung vom Mittel der täglichen Zunahmen aller Ferkel 7,2 % nach oben
und 0,2 % nach unten. Die Ergebnisse der Milchleistungs-
prüfungen weichen bei dreiwöchigen Kontrollen um ungefähr 5 %, bei vierwöchigen um mindestens 9 % nach der
Plus-und Minusseite von den tatsächlich erzielten Leistungen ab.

Die Durchführung von Mastleistungsprüfungen ist
mit der Feststellung der Zunahmen und des Futterverzehrs
für ein bestimmtes Schlachtgewicht nicht erschöpft. Es
muss noch die Feststellung des Fleisch-Fett-Verhältnis-
ses und die Bewertung der Schlachtware dazu kommen, um
den Vergleich zwischen Zunahme und Verzehr richtig durch-
führen zu können. Wie W i t t (23) ausführt, hängt das
Fleisch-Fett-Verhältnis nicht nur vom Gewicht der Tiere
ab. Ob das Tier aus dem gereichten Futter früher oder
später mehr Fleisch oder mehr Fett ansetzt, ist weitgehend erblich bedingt. Man kann daher auch in dieser
Richtung aus dem gesamten Bestand unserer Schweinerasse
das auslesen, was die gegebene Marktlage erfordert,ohne
dass eine grundsätzliche Umstellung des Zuchtzieles er-
forderlich ist. Die Rentabilität der Schweinemast wird
durch das Auffinden jener Tiere wesentlich gesteigert,
die mit dem grössten Futteraufnahmevermögen und den dadurch grössten täglichen Zunahmen, die kürzeste Mastzeit
benötigen, um ein bestimmtes Schlachtgewicht zu erreichen. Dies sind die Tiere mit der besten "wirtschaftlichen Futterverwertung" (W i t t 23), weil bei ihnen
ein wesentlicher Teil des Erhaltungsfutters eingespart
werden kann. Mit der "physiologischen Futterverwertung",
nämlich mit der Nährstoffmenge, die für die Erzeugung
von 1 kg Fleisch oder 1 kg Fett nötig ist, hat dies
nichts zu tun (L i e b s c h e r 13, H ö p l e r 11,
W i t t 23).

Wie schon erwähnt, ist die Feststellung des
Fett : Fleisch-Verhältnisses bei der Durchführung von
Mastleistungsprüfungen unerlässlich. H a r i n g und
G r u h n (8) führen hiezu aus, dass es unerlässlich

ist, die einzelne Prüfung so zu gestalten, dass die tatsächlich aufgenommene Nährstoffmenge dem tatsächlich Fleisch-Fett-Verhältnis gegenübergestellt wird. Die erste Voraussetzung hiefür ist die Einzelmast, da nur so die von dem betreffenden Tier aufgenommene Nährstoffmenge exakt bestimmt werden kann. Die zweite Voraussetzung ist die genaue Bestimmung des Fett-Fleischanteiles. H a r i n g (8) hat festgestellt, dass die bisher übliche Methode der Feststellung des Fett-Fleisch-Verhältnisses (Speck und Flomen = Fett, Rückstück und Schinken = Fleisch) zu ungenau ist.

Es wurde eine neue Methode entwickelt, die bei den Mastleistungsprüfungen Verwendung finden kann und den Fett : Fleischanteil wesentlich genauer erfasst. Die Zerlegung der 4 Teilstücke, nämlich Rückenstück, Schinken, Speck und Flomen in Fleisch und Fettanteil und die Feststellung der im Fleisch enthaltenen Menge an Rohfett sowie die Berücksichtigung von Schwarte und Knochen ermöglichen eine genauere Beurteilung des Fett : Fleischverhältnisses.

Z u s a m m e n f a s s u n g

Es wird aufgezeigt, welche Möglichkeiten zur Zucht- und Nutzleistungsprüfung beim Schwein bestehen und welche Möglichkeiten vorhanden sind, diese zur Hebung der gesamten Schweinezucht nutzbringend zu verwenden. Hohe Fruchtbarkeit, gutes Aufzuchtvermögen und hohe Mastleistung ermöglichen eine wesentliche Erhöhung der Rentabilität der Schweinezucht. Sie kann jedoch nur durch genaue Prüfung dieser erblich bedingten Eigenschaften erreicht werden.

- 169 -

Literaturverzeichnis

1) Adlung, R., "Typfragen und ihre Bedeutung für die praktische Schweinezucht". Mitt.d.D.L.G. Berlin 1929, 44. S. 1o7 - 11o

2) Brüggemann, Hans, "Bestehen Beziehungen zwischen der äusseren Form und den Mastleistungseigenschaften beim deutschen Edelschwein ?" Forschungsdienst, Bd.9, 194o, S.85

3) Clausen, Hjalmar, "Die Mastleistungsprüfungen und deren Erfolg für die Futterverwertung und die typmässige Entwicklung der dänischen Schweinerasse". Züchtungskunde, Bd. 22,1951, H.5, S. 2o4

4) Dürrwächter, Hörst und Bader: "Kritische Betrachtungen zur Notwendigkeit der Mast- und Schlachtleistungsprüfung bei Schweinen und der Möglichkeit ihrer züchterischen Auswertung." Züchtungskunde, Bd.7, 1932,S.365-379

5) Fischer, H., "Die Höhe der Sauenleistung in der Reihenfolge der Würfe". Ztschr.f.Schweinezucht,Nr.32,1938, S.438-44o

6) Hammond, I., "Die Kontrolle der Fruchtbarkeit bei Tieren". Züchtungskunde, Bd.3, 1928

7) Haring, F., "Einfluss der Erstlingsleistung auf die Höhe der Lebensleistung in der Schweinezucht". Ztschr.f.Schweinezucht,Nr.5, 1939

8) Haring u.Gruhn,   "Zur Methodik der Bestimmung des
                       Fett : Fleischverhältnisses bei
                       Mast-und Schlachtleistungsprüfun-
                       gen an Schweinen".
                       Züchtungskunde, Bd. 21, 1950, S.267

9) Harind und Hagen,   "Einfluss der Erstlingsleistung
                       auf die Höhe der Lebensleistung
                       in der Schweinezucht".
                       Kühn-Archiv, 1939, Sonderband
                       Tierzucht

lo) Hofmann,   "Welche Mindestleistung müssen
                       wir vom ersten Wurf einer Sau ver-
                       langen ?"
                       Ztschr.f.Schweinezucht, Nr.17,1939

11) Höpler, E.,   "Irrungen und Wirrungen über die
                       Futterdankbarkeit".
                       Der praktische Landwirt, H. 5-6,
                       1951

12) Koblischek, St.,   "Hat der erste Wurf einer Sau Be-
                       deutung für den Züchter ?"
                       Ztschr.f.Schweinezucht, Nr.43,1938

13) Liebscher, W.,   "Irrungen und Wirrungen in der Tier-
                       zucht und eine Klarstellung dazu".
                       Der praktische Landwirt,H.3-4,1951

14) Nachtsheim, H.,   "Untersuchungen über Variation und
                       Vererbung des Gesäuges beim Schwein."
                       Ztschr.f.Tierz.u.Züchtungsbiologie,
                       Bd.2, 1924

15)   -   -   "Zitzenzahl und Ferkelzahl".
                       Dtsch.landw.Tierzucht,Nr.21,1925

16) Probst und Ober,   "Die Bedeutung der Nachkommenschafts-
                       prüfung für die Schweinezucht".
                       Neue Mitteilungen f.d.Landw.,1950

17) Schmidt,Forsthoff   "Über Form und Leistung beim Schwein".
    und Winzenburger,   Züchtungskunde, Bd.lo, 1935,S.414-
                        429

18) Schmidt und Lau-   "Beitrag zur Durchführung der Schwei-
    precht,   neleistungsprüfungen".
                       Züchtungskunde, Bd.lo,1935

19) Schmidt, J.,   "Über Ferkelaufzucht und Leistungs-
                       prüfung in der Schweinezucht".
                       Dtsch.landw.Tierzucht,Nr.21,1925

2o)   -   -   "Leistungsprüfung und Schweine-
                       zucht".
                       Tierzüchterische Zeitfragen,Hanno-
                       ver 1927

21)   -   -   "Über die Leistungen unserer wichtig-
                       sten Schweinerassen in der Jugendmast
                       und die Bedeutung der Leistungsprüf-
                       ung."
                       Lehren der Tierzucht, Hannover,1931

22) Schneider, R.,   "Untersuchungen über äussere Form
                       und Mastleistungseigenschaft beim
                       deutschen Edelschwein".
                       Dissertation, Breslau, 1939

23) Witt, M.,   "Futteraufwand und Futterverwertung
                       in der Schweinezucht".
                       Neue Mitteilungen f.d.Landw. Nr.21,
                       1950

24) Zorn, Krallinger   "Untersuchungen zur züchterischen
    und Schott,   Bewertung der Fruchtbarkeit und des
                       4-Wochengewichtes beim weissen Edel-
                       schwein".
                       Züchtungskunde, Bd.8, 1933, S.433

Aus der Bundesanstalt für alpine Landwirtschaft
in Admont
(Leiter: Univ.Prof.Dr. A. Z e l l e r)

==

Versuche über die Wirkung des Keimlingsdüngers
"P o r r o"

Zusammenfassender Bericht
von A. Zeller
auf Grund der Versuche von V. Hartmair und G. Jähnl.

I. Einleitung

In den letzten Jahren wurde verschiedentlich
die Frage erörtert, ob eine besondere Düngung der
Keimlinge landwirtschaftlicher Nutzpflanzen z.T.viel-
leicht auch in Form einer Reiz-bezw. Stimulationsdün-
gung möglich, angebracht und wirtschaftlich vertret-
bar sei.

Da dieser Frage gerade für Oesterreich besondere Bedeutung zukam beauftragte das österreichische
Bundesministeriums für Land-und Forstwirtschaft auch
die Bundesanstalt für alpine Landwirtschaft in Admont
damit, die Wirkungen eines derartigen im Handel er-
hältlichen Präparates "Porro" zu überprüfen.

Diese Prüfung wurde so vorgenommen, dass mit
möglichst exakter Versuchsmethode darangegangen wurde,
Art und Ausmass der von der erzeugenden Firma in ihrem
Prospekt dem Porro zugeschriebenen Wirkungen zu überprüfen. Die wichtigsten in diesem Prospekt aufgestell-
ten Behauptungen sind die folgenden:

1. Porro erhöht die Keimfähigkeit

2. Porro erhöht die Gleichmässigkeit der Keimung

3. Porro erhöht die Gleichmässigkeit der Entwicklung

4. Porro erhöht die Entwicklungsfreudigkeit

5. Porro steigert den Ertrag

6. Porro fördert das Wurzelwachstum

Da weiters behauptet wird, dass die Wirkung des Porro vielfach besonders bei überlagertem und nicht mehr voll keimfähigem Saatgut zu beobachten ist, wurde ein Grossteil der Versuche mit derartigem Saatgut ausgeführt. Zusätzlich wurde auch geprüft, was sich ergibt, wenn eine grössere Menge Porro, wie sie nach einigem Stehen an der Luft an den Samen haften bleibt, angewandt wird und ob sich etwa ähnliche Wirkungen durch gewöhnlichen Gips erzielen lassen.

II. Versuchsmethode

Die in der Einleitung gestellten Fragen wurden mit Hilfe von 3 Gruppen von Versuchen zu beantworten versucht. Es sind dies:

a) Keimungsversuche im Thermostaten
b) Keimungs-und Wachstumsversuche im Gewächshaus
c) Feldversuche

Die bei den Keimungsversuchen im Thermostaten und die bei den Keimungs-und Wachstumsversuchen im Gewächshaus erhaltenen Pflanzen und Keimlinge gestatteten die Vornahme einer Reihe von Messungen und Zählungen, welche zum Beweis oder zur Widerlegung der zu prüfenden Behauptungen herangezogen werden konnten.

Im einzelnen wurde wie folgt verfahren:

Die <u>Keimungsversuche im Thermostaten</u> wurden bei
einer konstanten Temperatur von 24°C ausgeführt. Hiebei
wurde nur vorgewärmtes doppelt destilliertes Wasser,sorg-
fältigst gereinigte (Dampf usw. !) Petrischalen und Filtrierpapier für die quantitative Analyse verwendet. Die
Zahl der gleichzeitig ausgeführten parallelen Keimproben
betrug mindestens 4, meist aber 5 oder 6, die Zahl der
in jeder dieser Keimproben enthaltenen Samen war loo
oder 2oo, in Ausnahmefällen auch nur 5o. Die Versuche
wurden im Sommer und Herbst ausgeführt und vielfach nach
einigen Monaten im Spätherbst und Winter mit dem gleichen
Saatgut wiederholt, um einen allfülligen jahreszeitlichen
Einfluss nicht zu übersehen.

Die <u>Keimungs-und Wachstumsversuche im Gewächshaus</u>
wurden auf Parabeete in gut abgelagerter schwach saurer
Mistbeeterde ausgeführt. Die Zahl der Wiederholungen betrug 4-6, bei Winterzwiebel aber lo. In jeder Wiederho-
lung befanden sich bei einigen Versuchen je 1oo Pflan-
zen, bei den meisten aber je 4oo Pflanzen bezw. Samen.
Die bei diesen Versuchen herangewachsenen Jungpflanzen
wurden bei der Ernte teils einzeln, teils in Form von
Stichproben, teils vollständig gewogen und gemessen,der
H2O-Gehalt bestimmt und an ihnen wurden Wägungen und
Messungen des Würzelsystems vorgenommen sowie Zählungen
der entwickelten Blätter ausgeführt. Zur Bestimmung der
Keimfähigkeit bezw. Keimgeschwindigkeit wurden tägliche
Zählungen der aufgegangenen Pflänzchen ausgeführt. Auf
Grund dieser Versuche konnte die Gleichmässigkeit der
Keimung und der Entwicklung und die Entwicklungsfreudigkeit (d.h. die Entwicklungsgeschwindigkeit) beurteilt
werden. Die Anlage der Versuche erfolgte zum Grossteil
nach den modernen F i s h e r'schen Verfahren der unge-
ordneten Anordnung der Einzelparzellen. Dies ermöglicht
eine gute Ausschaltung von Lage-Unterschieden und gestattet, bei der Auswertung der Versuche die Varianzanalyse anzuwenden mit Hilfe der noch kleinere Unterschiede als mit anderen Verfahren erfasst werden können.

Die <u>Feldversuche</u> dienten der Ertragsfeststell-
ung. Wegen des Mangels ausreichend grosser und gleich-

mässiger Versuchsflächen mussten die Versuche zum Teil
mit anderen kombininiert werden. Aus diesem Grunde
schwankte bei den Versuchen mit Getreide die Parzellen-
grösse von 25 - 6 m^2, standen gedrillte, handgelegte
und gestreute Parzellen im Versuch usw. Andererseits
wurden die Versuche mit Wurzelfrüchten nach den modernen F i s h e r'schen Methoden angelegt um auch klein-
ste Unterschiede noch erfassen zu können.

Die Berechnung der Versuchsergebnisse erfolgte
so exakt und vorsichtig als möglich. Die Keimversuche
wurden nach dem "Vierfelderschema" unter Anwendung des
χ^2-Verfahrens ausgewertet. Die nach den F i s h e r'
schen Verfahren angelegten Versuche wurden der Varianzanalyse unterworfen und im übrigen wurde soweit erfor-
derlich und möglich das S t u d e n t'sche t-Verfahren
angewandt. +) Die in den Tabellen angegebenen Wahrschein-
lichkeitswerte bedeuten immer die Wahrscheinlichkeit dafür, dass die zwischen Kontrolle und Versuch gefundenen
Unterschiede nur zufällige, nicht durch den Versuch her-
vorgerufene sind. Wenn diese Zufallswahrscheinlichkeit
grösser als 5 % ist, dann muss man annehmen, dass es
nicht gelungen ist, einen Unterschied zwischen Kontrolle
und Versuch wahrscheinlich zu machen. Je kleiner sie ist,
desto besser ist der Unterschied zwischen Kontrolle und
Versuch gesichert.

Ein Wort muss noch den Verfahren gewidmet werden,
die verwendet wurden um die Gleichmässigkeit einer Eigenschaft (Keimung, Entwicklung usw.) zu beurteilen. Es
diente hiezu die Berechnung des Variationskoeffizienten
(V) der gleich ist der in Prozenten des Mittelwertes aus-

+) Diese Rechenverfahren wurden bekanntlich in den letzten 15 Jahren fast überall in der
Welt in das landwirtschaftliche und naturwissenschaftliche Versuchswesen mit grössten Erfolg
eingeführt. Sie sind im "Handbuch der Pflanzenzüchtung" im Auszug beschrieben. Für ihre Anwendung ist aber das Studium eines der dies Gebiet behandelnden Lehrbücher notwendig. Als
solche kommen u.a. in Frage: Snedecor, STATISTICAL METHODS APPLIED TO EXPERIMENTS IN AGRI-
CULTURE, Iowa College Press. 1948, 4. Aufl., Mather, STATISTICAL ANALYSIS IN BIOLOGY, 2.Aufl.,
London 1946 und R.A. Fisher, STATISTICAL METHODS FOR RESEARCH WORKERS, 10. Aufl., Edinburg
1948. - Für den hier meist verwendeten t-Test vgl. Pätau, Biol. Zbl. 63, 152-168, 1943

gedrückten Standardabweichung $(V = \frac{100\,\sigma}{M})$. Je grösser
ein Variationskoeffizient ist, desto grösser ist
die Ungleichmässigkeit eines Beobachtungsmaterials, je
kleiner er ist, desto grösser ist die Gleichmässigkeit
(und desto kleiner die Ungleichmässigkeit).

III. Die Versuchsergebnisse

1.) Porro und Keimfähigkeit

Um festzustellen, ob Porro die Keimfähigkeit besonders von altem überlagertem Saatgut beeinflusst, wurden 29 Versuchsreihen durchgeführt. Hierbei wurde das
Verhalten von 72.000 Samen beobachtet. Nur in 11 dieser
29 Versuchsreihen ergab sich ein über die zufällig (d.
h. in wenigsten 1/20 aller Fälle) zu erwartenden Schwankungen der Keimfähigkeit hinausgehender Einfluss des
Porro auf die Keimfähigkeit.

In 4 Versuchsreihen ergab sich eine Erhöhung der
Keimfähigkeit durch Porro, nämlich

bei frischem Weizen um		2,5	%
bei altem Mais	um	290	%
bei frischer Hirse	um	7,7	%
bei altem Kohlrabi	um	20	%

In 7 Versuchsreihen bewirkte Porro eine Vermin-
derung der Keimfähigkeit, nämlich

bei altem Weizen	um	5,3	%
bei altem Mais	um	18	%
bei frischer Gerste	um	4,8	%
bei alten Roten Rüben	um	32	%
bei altem Kohlrabi	um	23	%
und bei altem Salat	um	9	%.

Bei 8 der übrigen 18 Versuchsreihen zeigten die
mit Porro behandelten Samen eine etwas grössere Keim-

fähigkeit als die Kontrollen, nämlich

       bei frischer Hirse
       alten Tomaten
       alten Roten Rüben
       altem Kohlrabi
       altem Salat (3 Versuchsreihen)
       alter Winterzwiebel.

In den letzten lo Versuchsreihen keimten die mit Porro behandelten Samen etwas schlechter als die unbehandelten, nämlich bei

frischem Weizen	altem Kohlrabi
altem Mais	altem Salat (2 Versuchsreihen)
alten Tomaten	alten Karotten
altem Rettich	alter Zwiebel
altem Weisskraut	

Aus diesen letzten 2 Versuchsgruppen dürfen jedoch keinerlei Schlüsse auf eine etwaige Wirkung des Porro gezogen werden, da die aufgetretenen Unterschiede nicht grösser waren als zufällig zu erwarten ist. Sie zeigen nur,dass die Ausschläge zum Teil nach der positiven und zum Teil nach der negativen Seite gehen, also genau das Verhalten zeigen, das beim Fehlen eines in einer bestimmten Richtung wirkenden Einflusses zu erwarten ist.

Der Porroeinfluss war also

     in 18 Versuchsreihen O, nicht vorhanden
     in 7 Versuchsreihen negativ
und in 4 Versuchsreihen positiv.

Da vielfach dasselbe Saatgut in allen 3 Gruppen vorkommt ist <u>insgesamt zu schliessen,</u> dass es nicht möglich war, eine eindeutige, reproduzierbare Wirkung des Porro auf die Keimfähigkeit nachzuweisen.

Grössere (etwa doppelte bis vierfache) Porromengen wurden in 9 Versuchsreihen angewandt. In 2 Fällen wirkten

sie statistisch gesichert fördernd auf die Keimfähigkeit, nämlich bei

        frischer Gerste
    und alten Tomaten

während bei altem Mais eine hemmende Wirkung auftrat.
die übrigen 6 Versuchsreihen zeigten keine über das zufällige Mass hinausgehenden Porrowirkungen (altes Saatgut von Mais, Rettich, Weisskraut, Karotten, Zwiebeln.
und Winterzwiebeln).

Gips, der in einigen Kontrollversuchen neben
Porro verwendet wurde, zeigte genau die gleiche Wirkung
wie grössere Porromengen. Bei frischer Gerste und alten Tomaten war die Wirkung günstig, ungünstig war sie
bei altem Mais.

Eine tabellarische Zusammenstellung der ausgeführten Versuche enthält Anhang I.

2.) Porro und die Gleichmässigkeit der Keimung.

Mit der Angabe, dass Porro "die Gleichmässigkeit
der Keimung erhöht" kann offenbar zweierlei gemeint sein.
Es können erstens Unterschiede zwischen Parallelversuchen
vermindert werden, d.h. also es können die immer zu beob-
achtenden Schwankungen der Keimungsprozente vermindert
werden oder es kann zweitens infolge des durch Porro be-
wirkten gleichzeitigeren Keimens aller keimfähigen Samen
der endgültige Keimungsprozentsatz früher erreicht werden. Beide Fragen lassen sich aus dem Admonter Versuchsmaterial beantworten.

Um die grössere oder kleinere Übereinstimmung von
Parallelversuchen exakt beurteilen zu können, wurden die
schon eingangs erwähnten Variationskoeffizienten berechnet.

In 18 der 29 Versuchsreihen, die zum Teil im Thermostaten zum Teil im Gewächshaus ausgeführt wurden, zeigten die mit Porro behandelten Keimungsproben geringere

Schwankungen als die unbehandelten Proben (Maiß 2mal,
Weizen 2mal, Tomaten, Zwiebel, Winterzwiebel, Rote Rüben, Kohlrabi 2mal, Salat 5mal, Hirse 2mal). Die Variationskoeffizienten betrugen hiebei 99 bis 4 % der des
unbehandelten Saatgutes. In den übrigen 11 Versuchsreihen waren die mit Porro behandelten Keimproben un-
gleichmässiger als die Kontrollen (Mais, Gerste, Weisskraut, Rettich, Karotten, Weizen, Tomaten, Rote Rüben,
Kohlrabi 2 mal, Salat). Die Variationskoeffizienten betrugen hiebei 1o6 bis 338 % der der unbehandelten Proben.

Eine statistische Prüfung nach dem χ^2-Verfahren
ergibt, dass bei 29 Versuchsreihen und einem bei sehr
vielen Versuchsreihen sich ergebenden 1:1-Verhältnis
von Förderung und Hemmung ein 11:18-Verhältnis mit 4o %
Wahrscheinlichkeit zufällig erwartet werden muss. Aus den
vorhandenen Zahlen kann also nicht geschlossen werden,
dass das Porro die Gleichmässigkeit parallel ausgeführter
Keimungsversuche gesetzmässig und zuverlässig vergrössert. Dem entspricht auch die Tatsache, dass der Mittelwert der Variationskoeffizienten aller 29 Porro-Versuchs-
reihen 1o3 ± 14,4 % des Variationskoeffizienten der Kon-
trollversuchsreihen beträgt. Die durchschnittliche Erhöhung des Variationskoeffizienten betrug im Mittel aus
den 11 Versuchsreihen, in denen eine solche Erhöhung beobachtet wurde 77 % während die durchschnittliche Erniedrigung in den 18 anderen Versuchsreihen 42 % betrug.
1o Versuchsreihen, bei denen eine grössere Porro-Menge
angewandt wurde, ergaben einen durchschnittlichen Variationskoeffizienten von 1o3 ± 7,8 % des Variationskoeffizienten der Kontrollreihen. Die mittlere in 5 der Versuchsreihen beobachtete Erhöhung betrug 59 %, die mittlere Erniedrigung in den restlichen 5 Versuchsreihen
betrug 53 %. Die 5 mit Gips ausgeführten Reihen ergaben
eine mittlere Zunahme des Variationskoeffizienten um
55 %. Dies setzt sich zusammen aus 3 Reihen mit einer
durchschnittlichen Zunahme von 1o8 % und aus 2 Reihen
mit durchschnittlich 24 % Abnahme.

Da einige Pflanzen wiederholt (zu verschiedenen
Zeiten bezw. als verschiedene Sorten) untersucht wurden,

ist es ganz interessant zusammenzustellen, welchen Einfluss das Porro auf die Gleichmässigkeit der Keimung in
diesen Fällen zeigte.

Pflanze	Erhöhungen	Erniedrigung
	der Gleichmässigkeit der Keimung	
Mais	2	1
Weizen	2	1
Tomaten	1	1
Rote Rüben	1	1
Kohlrabi	3	2
Salat	5	1
Hirse	2	-
Summe	16	7

16 positiven Wirkungen stehen also 7 negative gegenüber
und es ist an der Tabelle ersichtlich, dass höchstens
beim Salat von einer konsequent die Gleichmässigkeit
der Keimung fördernden Wirkung des Porro gesprochen werden kann. Wenn man annimmt, dass das Porro keine in bestimmter Richtung gehende Wirkung hat, wenn man also 5o%
Förderung und 5o % Hemmung erwartet und wenn man die ge-
fundene 16:7-Wirkung mit Hilfe des χ^2-Verfahrens unter
Anwendung der Kontinuitätskorrektur mit dieser Erwartung
vergleicht, dann erhält man ein χ^2 von 1,43 mit einer
Zufallswahrscheinlichkeit von 24 %. Eine eindeutige Porro-
wirkung ist also durch das 16:7-Verhältnis noch nicht
nachgewiesen, da ein derartiges Ergebnis mit 24 % Wahrscheinlichkeit zufällig erwartet werden kann. Lässt man
den Salat in obiger Tabelle weg, dann ergibt sich ein
χ^2 von 0,49 mit einer Zufallswahrscheinlichkeit von
48 %.

Die zweite mögliche Bedeutung einer "Erhöhung der
Gleichmässigkeit der Keimung", nämlich das raschere Erreichen des endgültigen Keimungsprozentsatzes wurde ebenfalls in einer Reihe von Versuchen überprüft.

In 3 Fällen (Winterzwiebel, Rettich und Weisskraut)
ergab sich eine Beeinflussung der Keimungszeit, in 1 Fall

(Karotten)ergab sich eine Andeutung für eine Herabsetz-
ung der Keimungszeit durch Porro (Zufallswahrscheinlichkeit aber 2o % !) und in 1 Fall (Zwiebel) verlängerte
Porro in normalen und erhöhten Mengen die Keimungszeit
(Zufallswahrscheinlichkeit 5 %).

Zusammenfassend lässt sich also feststellen,dass
im Durchschnitt aller ausgeführten Versuche keine eindeutige reproduzierbare Beeinflussung der Gleichmässigkeit der Keimung von Samen durch Porro nachgewiesen
werden konnte.

Im Anhang II sind die Versuche zusammengestellt,
aus denen obige Werte entnommen wurden. Nähere Angaben
über die einzelnen Versuche sind im Anhang I jeweils
unter der gleichen Protokollnummer zu finden.

3.) <u>Porro erhöht die Gleichmässigkeit der Entwicklung</u>

Die Beurteilung der Gleichmässigkeit der Entwicklung von Pflanzen kann sowohl nach Messungen oberirdi-
scher als auch unterirdischer Teile erfolgen. Als mathe-
matisches Mass für die Gleichmässigkeit kann wiederum
der Variationskoeffizient gelten.

a) Messungen an <u>oberirdischen Teilen</u> wurden an Mais,Wei-
zen, Gerste Zwiebel und Winterzwiebel ausgeführt.
Nähere Angaben über die einzelnen Versuche finden
sich unter der entsprechenden Protokollnummer in den
Anhängen I und IV. Aus den Variationskoeffizienten
und den entsprechenden Zufallswahrscheinlichkeiten,
die im Anhang III aufgeführt sind, ergibt sich,dass
keine Wirkung des Porro nachweisbar ist.

b) Messungen an <u>unterirdischen Teilen</u> wurden an den
Wurzeln von Winterzwiebel, Zwiebel, Karotten,Weiss-
kraut und Rettich ausgeführt. Das Ergebnis dieser
Messungen und der Umfang der ausgeführten Versuche
ist aus der folgenden Tabelle zu entnehmen.

Pflanze u.Prot.Nr.	Zahl der Wiederholungen	Pflanzen je Wiederholung	Pflanzen insges.	Variabilität der Länge der Primärwurzel		
				ohne Porro	mit Porro	mit viel Porro
Winter-zwiebel 8o7 h/47 Zufallsw.	1o	14o	42oo	42,6 ± 1,17 —	41,3 ± 1,89 54 %	43,4 ± 3,34 83 %
Zwiebel 8o8 k/47 Zufallsw.	6	5o	9oo	57,1 ± 1,74 —	5o,1 ± 2,43 4 %	52,4 ± 3,o1 21 %
Karotten 8o9 h/47 Zufallsw.	6	3oo	54oo	27,o ± 1,o4 —	25,7 ± 0,3o 26 %	26,9 ± 1,91 96,5 %
Weisskraut 81o i/47 Zufallsw.	5	15o	225o	34,9 ± 2,o9 —	35,7 ± 1,76 77 %	34,1 ± 1,76 75 %
Rettich 811 i/47 Zufallsw.	6	7o	126o	28,1 ± 0,69 —	3o,o ± 1,3o 22 %	3o,5 ± 1,86 25 %

Also nur bei Zwiebel liess sich überhaupt eine Beeinflussung der Gleichmässigkeit der Wurzellänge durch Porro feststellen. Porro bewirkte hier eine schwache Erhöhung der Gleichmässigkeit. Das Ergebnis hat eine Zufallswahrscheinlichkeit von etwa 4 %, ist also statistisch gesichert. Als Einzelergebnis neben 4 Versuchen, die keine Beeinflussung der Wurzellänge durch Porro ergaben, besagt es aber natürlich nicht viel.

Zusammenfassend kann gesagt werden, dass über 19.ooo ausgeführte Messungen ergaben, dass eine sicher nachweisbare Beeinflussung der Gleichmässigkeit von Wurzeln durch Porro nicht stattfindet.

4.) Porro erhöht die Entwicklungsfreudigkeit.

Die Schnelligkeit der Entwicklung einer Pflanze kann sich an verschiedenen Merkmalen zeigen. Neben schwerer erfassbaren morphologischen, wie Knospen-und Blattentfaltung,sind es leicht zu beurteilende Eigenschaften wie Grösse bezw. Länge der Triebe, Gewicht der Triebe usw., die ein Mass für die Entwicklungsgeschwindigkeit, die Entwicklungsfreudigkeit, abgeben können.

Wir haben unser Versuchsmaterial auch in dieser Hinsicht einer eingehenden Bearbeitung unterzogen und haben folgende Merkmale näher untersucht:

a) Die Keimblattentfaltung: Bei Keimproben wurden bei mit Porro behandelten und bei unbehandelten Proben die Zahl der Keimlinge festgestellt, welche die Keimblätter entfaltet hatten. Eine Porro-Wirkung konnte nicht festgestellt werden (Kohlrabi).

b) In anderen Versuchen wurde das Aufrichten der Keimlinge verfolgt. Es konnte kein Anhaltspunkt dafür gefunden werden, dass Porro-behandelte Keimlinge sich früher aufrichten als unbehandelte (Salat).

c) Junge Hirse-Keimlinge wurden nach ihrer Länge klassifiziert. Die Anzahl der über 9 mm langen war bei dem mit Porro behandelten Saat gut grösser.

Diese 3 Versuche, die vor allem die ersten Stadien der Keimung erfassen sollten, zeigen also, dass nur gelegentlich eine Wirkung des Porro festzustellen ist.

d) Bei den Versuchen mit Weisskraut und Rettich wurden an insgesamt über 3500 Pflanzen die Zahl der Blätter festgestellt. Die mit Porro behandelten Pflanzen unterschieden sich nicht von den Kontrollpflanzen.

e) Messungen der Länge der oberirdischen Teile junger Pflanzen von Mais, Weizen, Gerste, Zwiebel und Winterzwiebel ergaben nur beim Gerstenversuch eine etwa 5,6 % grössere Länge der Porro-Pflanzen. Eine grössere Porromenge bewirkte bei Weizen Längenzunahme von etwa 7 %. Gips statt Porro erbrachte bei Weizen und Gerste Längenzunahme von 6 - 8 %. In der Mehrzahl der Versuche lässt sich jedoch keinerlei Wirkung des Porro nachweisen.

f) Das Frischgewicht der oberirdischen Teile wurde bei Weizen, Mais, Gerste, Tomaten, Winterzwiebel, Zwiebel, Karotten, Weisskraut und Rettich bei insgesamt über 17.000 Pflanzen bestimmt. Nirgends liess sich irgend eine Porro-Wirkung nachweisen.

g) Der Gehalt an Trockensubstanz wurde bei den gleichen Pflanzen festgestellt. Eine Wirkung des Porro konnte nirgends gefunden werden.

Die Ergebnisse all der langwierigen Berechnungen sind im Anhang IV zusammengestellt. Von einer Mitteilung und Durchrechnung aller vorliegenden Trockensubstanzbestimmungen wurde abgesehen, da der Aufwand an Arbeit für das auch deutlich sichtbare negative Ergebnis überflüssig erscheint.

Zusammenfassend lässt sich sagen, dass es nicht gelang, irgend eine ins Gewicht fallende Beeinflussung der Entwicklungsfreudigkeit durch Porro nachzuweisen.

5.) <u>Porro steigert den Ertrag</u>

In lo Versuchen wurde die Frage geprüft, ob Porro den Ertrag steigert. Einer der Versuche (mit Rote Rüben) konnte wegen zu vieler Fehlstellen nicht ausgewertet werden. Die Ergebnisse der übrigen Versuche sind in der folgenden Tabelle übersichtlich zusammengestellt. Im Anhang V sind nähere Einzelheiten über die ausgeführten Versuche mitgeteilt. Die besonderen Verhältnisse in Admont (beschränkte Grösse der zur Verfügung stehenden Versuchsflächen, schlechter Boden, extreme Klimalage) machten es notwendig, die Porro-Versuche zum Teil nur als orientierende Mikro-Versuche, zum Teil im Rahmen anderer Versuche mitlaufen zu lassen. Diese Einschränkungen wurden aber durch Anwendung besonders wirksamer Rechenverfahren und zum Teil auch schon durch entsprechende Anlage der Versuche zu kompensieren getrachtet. Die Wirkungen der Porro-Behandlung waren die folgenden:

Protokoll-Nr.	Pflanze	Porro-Wirkung auf d. Ertrag		Zufallswahrscheinlichkeit
2o24	Winterweizen		+6 %	26 %
2o25 a1	Sommerweizen		-6,5 %	74 %
2o25 a2	"		-16 %	32 %
2o25 b1	Sommergerste		+1 %	89 %
2o25 b2	"		+2 %	93 %
2o25 c1	Hafer		-3,5 %	51 %
2o25 c2	"		+lo %	68 %
2oo6	Zuckerrüben (Kaiserau, 11oo m)	Gewicht	+12 %	16 %
		Zucker	+9 %	58 %
2oo7	Zuckerrüben (Admont)	Gewicht	+23 %	9 %
		Zucker	+22 %	16 %
o3o	Karotten		-lo,5 %	[illegible] %

Es ist also nur die negative durch Porro bewirkte Ertragsänderung bei Karotten statistisch gesichert. Eine mühevolle, genauere Analyse der Zuckerrübenversuche ergab, dass unter den geprüften 3 Sorten doch eine war,die am wenigsten im Zuckerertrag statistisch gesichert (5 % Zufallswahrscheinlichkeit) positiv auf die Porro-Behandlung reagiert hatte. Eine andere Sorte dafür reagierte negativ. Im Durchschnitt jedenfalls war auch bei den Zuckerrüben keine eindeutige Wirkung nachweisbar.

Da dem isolierten Karottenergebnis keine allzu grosse Bedeutung beigemessen werden darf,kann gesagt werden, dass im Durchschnitt aller 10 angeführten Versuche keine eindeutige Porro-Wirkung auf den Ertrag der Pflanzen festgestellt werden konnte (6 positive und 4 negative Wirkungen ergeben eine Zufallswahrscheinlichkeit von 82 %).

6.) Porro fördert das Wurzelwachstum

Eine der Hauptwirkungen des Porro soll in einer starken Förderung des Wurzelwachstums bestehen. Auch in dieser Richtung wurden die in Admont mit Porro ausgeführten Versuche ausgewertet. Es wurden sowohl die Wurzellängen als auch Frisch-und Trockengewichte der Wurzeln untersucht.

Die Wurzellänge von Weizenkeimlingen wurde durch Porro deutlich gefördert, während bei Winterzwiebel,Zwiebel, Karotten, Weisskraut und Rettich ein Einfluss nicht nachgewiesen werden konnte. Anwendung grösserer Porro-Mengen änderte diesErgebnis nicht.

Das Wurzelfrischgewicht von Winterzwiebel, Zwiebel, Karotten, Weisskraut und Rettich wurde weder durch normale noch durch erhöhte Porro-Mengen nachweisbar beeinflusst. Zieht man allerdings die beiden Werte mit der geringsten Zufallswahrscheinlichkeit (Zwiebel und Weisskraut) zusammen, dann ergibt sich eine gesicherte negative Porro-Wirkung auf das Wurzelfrischgewicht dieser beiden Pflanzen.

Auch beim _Wurzeltrockengewicht_ (in Prozenten des Frischgewichtes gerechnet) ist im Durchschnitt der geprüften Pflanzen (Winterzwiebel, Zwiebel, Karotten, Weisskraut, Rettich) kein Porro-Einfluss nachweisbar. Der einzige statistisch sehr gut gesicherte Versuch (Rettich) ergab auch hier eine _negative_ Porro-Wirkung und der beinahe gesicherte Karottenversuch weist ebenfalls darauf hin, dass die Wirkung des Porro eher in einer Erniedrigung als einer Erhöhung des relativen Wurzeltrockengewichtes besteht.

Abgesehen von Einzelfällen, in denen Porro einen fördernden Einfluss (Wurzellänge von Weizenkeimlingen) bezw. einen hemmenden Einfluss (Wurzeltrockengewicht von Rettich und Karotten, Wurzelfrischgewicht von Zwiebel und Weisskraut) ausübte, konnte eine sichere Beeinflussung des Wurzelwachstums durch Porro demnach nicht nachgewiesen werden.

Die zahlenmässigen Unterlagen für die hier mitgeteilten Ergebnisse sind im Anhang VI zusammengestellt.

Zusammenfassung

Auf Grund eines umfangreichen Versuchsmaterials, das über loo.ooo Keimlinge und Jungpflanzen von Weizen, Gerste, Mais, Hirse, Tomaten, Roten Rüben, Rettich, Weisskraut, Kohlrabi, Salat, Karotten, Zwiebel und Winterzwiebel sowie lo Feldversuchen mit Winterweizen, Sommerweizen, Sommergerste, Hafer, Zuckerrüben und Karotten umfasst und das in den verschiedensten Richtungen ausgewertet wurde, kann festgestellt werden, dass es nicht möglich war, unter den gegebenen Versuchsbedingungen einen eindeutigen und sicheren, praktisch ins Gewicht fallenden Einfluss von Porro auf

Keimfähigkeit	Entwicklungsfreudigkeit
Gleichmässigkeit der Keimung	Ertragshöhe
Gleichmässigkeit der Entwicklung	Wurzelwachstum

festzustellen. Gelegentlich auftretende, positive Porro-Wirkungen beeinflussen dies Ergebnis ebensowenig wie die beinahe häufiger da und dort zu findenden negativen Porrowirkungen.

- 189 -

Literaturverzeichnis

=========================

1) Kaserer, H.,   "Die Beeinflussung der Samen der Kulturpflanzen durch Auslese und Ernteverfahren".
Die Bodenkultur 2, 184-187,1948

2) Graf, A.,   "Über den Einfluss des Keimlingsdüngers "Porro" auf den Ertrag von Winterweizen bei verschiedenen Saatstärken".
Die Bodenkultur, Sonderheft 1,78-8o (195o). Jahresbericht 1949 d.Bundesanstalt f. Pflanzenbau u. Samenprüfung in Wien

3) Kaserer, H.,   Bemerkungen zu dem Bericht "Über die Wirkung des Porro" der Bundesanstalt für Pflanzenbau in Wien.
Die Bodenkultur 3, 277-28o,1949

4) Kaserer, H.,   "Keimlingsdüngung". Scholle-Bücherei, Band 58. Wien 1949

5) Kaserer, H.,   "Die Wirkungsweise der Keimlingsdüngung mit "Porro". Eine grundsätzliche Erörterung".
Die Bodenkultur 4, 7o-77,195o

6) Kaserer, H.,   "Bodendüngung - Pflanzendüngung - Samendüngung - Keimlingsdüngung".
Z.Pflanzenernährung, Düngg., Bodenkunde 5o, 6o-68, 195o.

Anhang I/1   <u>Wirkung von Porro</u>

Protokoll-Nr.	2034a/47	2034c/47	2029/48	2c3o/48		
Pflanze	Weizen	Weizen	Weizen	Gerste		
Saatgut	frisch 1-jährig	überlag. 2-jährig	frisch 1-jährig	frisch		
Versuchs-art	Thermost.	Thermost.	Glashaus.	Glashaus		
Versuchs-beginn	13.7.47	18.7.47	31.3.48	27.3.48		
Versuchs-ende	21.7.47	22.7.47	5.4.48	5.4.48		
Zahl d. Wieder-holungen	6	6	4	4		
Samenzahl je Wieder-holung	2oo	2oo	1oo	1oo		
Behandlung	Porro	Porro	Porro	Porro	viel Porro	Gips
Vergleichs-probe und Keimfähig-keit	Kontrolle 93 %	Kontrolle 9o %	Kontrolle 94 %	Kon-trol-le 94 %	Porro 89 %	Porro 89 %
Wirkung	+ 2,5 %	- 5,4 %	- o,27 %	-4,8%	+6%	+6%
Zufalls-wahrschein-lichkeit	0,3 %	0,o3 %	85 %	2,5%	o,8%	o,8%
Wirkung statistisch gesichert	ja	ja	nein	ja	ja	ja
	1	2	3	4	4a	4b

auf die Keimfähigkeit

2027/48			2031/48				2032/48
Mais			Mais				Mais
überlagert			überlagert				überlagert
Glashaus			Glashaus				Thermostat
27.1.48			27.3.48				25.7.47
26.2.48			13.4.48				29.7.47
4			4				5
loo			loo				loo
Porro	viel Porro	Gips	Porro	Gips	viel Porro	viel Porro	Porro
Kontrolle 69 %	Kontrolle 69 %	Kontrolle 69 %	Kontrolle 48 %	Porro 39 %	Porro 39 %	Gips 45 %	Kontrolle 23 %
- 2,2%	-15%	-13%	-18%	+15%	+16%	+ 1,1%	+290 %
64%	0,6%	1%	1,5%	1o%	8%	9o%	extrem klein
nein	ja	ja	ja	vielleicht		nein	ja
5	5a	5b	6	6a	6b	6c	7

Anhang I/2

	2042 I/47	2042 II/47	2028/48	
Protokoll-Nr.	2042 I/47	2042 II/47	2028/48	
Pflanze	Hirse	Hirse	Tomaten	
Saatgut	frisch	frisch	alt Wiener Runde	
Versuchs-art	Thermo-stat	Thermo-stat	Glashaus	
Versuchs-beginn	18.7.47	6.8.47	27.1.48	
Versuchs-ende	2o.7.47	8.8.47	26.2.48	
Zahl der Wiederho-lung	2	4	4	
Samenzahl je Wieder-holung	2oo	2oo	1oo	
Behandlung	Porro	Porro	Porro	viel Porro
Vergleichs-probe und ihre Keim-fähigkeit	Kontrolle 73 %	Kontrolle 66 %	Kontrolle 54 %	Kontrolle 54 %
Wirkung	÷ 8 %	÷ 7,7 %	+ 4,2 %	+ 21 %
Zufallswahr-scheinlich-keit	7 %	2,6 %	68 %	0,1 %
Wirkung sta-tistisch ge-sichert	nein	ja	nein	ja
	8	9	1o	1oa

2o28/48		2c33/47	2o35 I/47	2o35 II/47
Tomaten		Tomaten	Rote Rüben	
alt Wiener Runde		Wiener Runde alt	alt	
Glashaus		Thermostat	Thermostat	
27.1.48		25.11.47	11.8.47	17.lo.47
26.2.48		2.12.47	2o.8.47	26.lo.47
4		4	5	5
loo		2oo	2oo	loo
Gips	viel Porro	Porro	Porro	Porro
Kontrolle 54 %	Porro 56 %	Kontrolle 92 %	Kontrolle 34 %	Kontrolle 34 %
+ 2o %	+ 16 %	- o,7 %	- 32 %	+ 6 %
o,3 %	o,9 %	62 %	0,ooool %	23 %
ja	ja	nein	ja	nein
lob	loc	11	12	13

	811a/47		810a/47	
Protokoll-Nr.				
Pflanze	Rettich		Weisskraut	
Saatgut	überlagert		überlagert	
Versuchs-art	Gewächshaus		Gewächshaus	
Versuchs-beginn	29.12.47		3o.12.47	
Versuchs-ende	1. 2.48		1.2. 48	
Zahl der Wieder-holungen	6		5	
Samenzahl je Wieder-holung	4oo		4oo	
Behandlung	Porro	viel Porro	Porro	viel Porro
Vergleichs-probe und ihre Keim-fähigkeit	Kontrolle	Kontrolle	Kontrolle	Kontrolle
	4o %		22 %	
Wirkung	- 8 %	- 7 %	- 29 %	- 21 %
Zufallswahr-scheinlich-keit	7o %	7o %	2o %	2o %
Wirkung sta-tistisch ge-sichert	nein	nein	nein	nein
	14	14a	15	15a

2036a/47	2036b/47	2037/47	2038a/47	2038b/47
Kohlrabi	Kohlrabi	Kohlrabi	Kohlrabi	
Optimus überlagert	Optimus überlagert	Delikatess überlagert	Blassblauer Münchner	
Thermostat	Thermostat	Thermostat	Thermostat	
1o.7.47	15.1o.47	1o.7.47	1o.7.47	19.9.47
15.7.47	2o.1o.47	17.7.47	16.7.47	25.9.47
4	5	4	4	5
5o	2oo	5o	5o	2oo
Porro	Porro	Porro	Porro	Porro
Kontrolle 57 %	Kontrolle 55 %	Kontrolle 89 %	Kontrolle 78 %	Kontrolle 61 %
+ 20 %	- 23 %	+ 2,3 %	- 15 %	- 6,4 %
3,5 %	0,0000003%	8o %	3 %	7,5 %
ja	ja	nein	ja	nein
16	17	18	19	2o

Protokoll-Nr.	2039 a/47	2039b/47	2o4oa/47	2o4ob/47
Pflanze	Salat		Salat	
Saatgut	Forellenschluss, über-lag.		Krauthäuptl	
Versuchs-art	Thermostat		Thermostat	
Versuchs-beginn	1o.7.47	8.1o.47	1o.7.47	31.1o.47
Versuchs-ende	15.7.47	13.1o.47	17.7.47	8.11.47
Zahl der Wieder-holungen	4	5	5	5
Samenzahl je Wieder-holung	5o	2oo	2oo	2oo
Behandlung	Porro	Porro	Porro	Porro
Vergleichs-probe und ihre Keim-fähigkeit	Kontrolle 85 %	Kontrolle 85 %	Kontrolle 13 %	Kontrolle 63 %
Wirkung	÷ 4,1 %	- 3,5 %	- 0,2 %	+ 6 %
Zufallswahr-scheinlich-keit	3o %	7 %	92 %	6,5 %
Wirkung sta-tistisch ge-sichert	nein	nein	nein	nein

| | 21 | 22 | 23 | 24 |

2o41a/47	2o41b/47	8o9/47	
Salat		Karotten	
Unikum		überlagert	
Thermostat		Glashaus	
lo.7.47	17.9.47	6.1.48	
16.7.47	24.9.47	1.2.48	
4	5	6	
5o	2oo	4oo	
Porro	Porro	Porro	viel Porro
Kontrolle 72 %	Kontrolle 88 %	Kontrolle 75 %	
+ 2,8 %	- 9 %	- 5 %	- 7 %
44 %	0,00002 %	2o %	2o %
nein	ja	nein	nein
25	26	27a	27a

Protokoll-Nr.	808a/47		807a/47	
Pflanze	Zwiebel		Winterzwiebel	
Saatgut	überlagert		überlagert	
Versuchsart	Gewächshaus		Gewächshaus	
Versuchsbeginn	5.1.48		1.12.47	
Versuchsende	1.2.48		15.12.47	
Zahl der Wiederholungen	6		1o	
Samenzahl je Wiederholung	4oo		4oo	
Behandlung	Porro	viel Porro	Porro	viel Porro
Vergleichsproben und ihre Keimfähigkeit	Kontrolle 13 %	Kontrolle	Kontrolle 35 %	Kontrolle
Wirkung	- 1o %	- 11 %	+ 0,6 %	+ 1 %
Zufallswahrscheinlichkeit	40 %	65 %	86 %	7o %
Wirkung statistisch gesichert	nein	nein	nein	nein
	28	28a	29	29a

Anhang II/1 <u>Gleichmässigkeit der Keimfähigkeitsprozente</u>

Protokoll-Nr.		2027/48				2031/48				2032/48	
Pflanze		M a i s									
Zahl d. Wieder-holungen		4	4	4	4	4	4	4	4	5	5
Behandlung		Kontr.	Porro	viel Porro	Gips	Kontr.	Porro	viel Porro	Gips	Kontr.	Porro
Varia-tions-koeff.d. Keim-fähig-keit	abs.	4,4	8,5	12,5	11,6	8,2	8,1	12,5	1o,7	65,2	2,5
	rel.	1oo	193	284	264	1oo	99	152	13o	1oo	4,2

Protokoll-Nr.		2029/48				2o3o/48				2o28/48			
Pflanze		Weizen				Gerste				Tomaten			
Zahl d. Wieder-holungen		4	4	4	4	4	4	4	4	4	4	4	4
Behandlung		Kontr.	Porro	viel Porro	Gips	Kontr.	Porro	viel Porro	Gips	Kontr.	Porro	viel Porro	Gips
Varia-tions-koeff.d.	abs.	3,1	1,9	3,9	7,1	2,8	4,6	1,8	2,o	21,8	14,2	7,8	16,7
Keim-fähig-keit	rel.	1oo	61	126	229	1oo	164	64	72	111	65	37	8o

Anhang II/2

Protokoll-Nr.		810a/47			811a/47			809a/47			808a/47			807a/47		
Pflanze		Weisskraut			Rettich			Karotten			Zwiebel			Winterzwiebel		
Zahl d. Wiederholungen		5	5	5	6	6	6	6	6	6	6	6	6	lo	lo	lo
Behandlung		Kontr.	Porro	viel Porro	Kontr.	Porro	viel Porro	Kontr.	Porro	viel Porro	Kontr.	Porro	viel Porro	Kontr.	Porro	viel Porro
Variationskoeff. d. Keimfähigkeit	abs.	29,o	4o,8	36,8	35,o	37,3	29,4	8,2	8,7	8,8	45,7	38,4	15,8	lo,5	1,8	1,8
	rel.	loo	14o	127	loo	lo7	84	loo	lo6	lo7	loo	84	34,5	loo	17	17

Protokoll-Nr.		2034a		2034 b		2033		2035 I/4		2035 II/47	
Pflanze		Weizen				Tomaten		Rote Rüben			
Zahl d. Wiederholungen		6	6	6	6	4	6	5	5	5	5
Behandlung		Kontr.	Porro	Kontrl.	Porro	Kontr.	Porro	Kontr.	Porro	Kontr.	Porro
Variationskoeff. d. Keimfähigk.	abs.	4,3	1,5	2,4	4,1	1,8	1,9	6,8	22,9	19,6	11,6
	rel.	loo	35	loo	171	loo	lo5	loo	338	loo	59

Anhang II/3

Protokoll-Nr.		2o36a/47		2o36b/47		2o37/47		2o38a/47		2o38b/47	
Pflanze		Kohlrabi				Kohlrabi		Kohlrabi			
Zahl d.Wiederholungen		4	4	5	5	4	4	4	4	5	5
Behandlung		Kontr.	Porro	Kontr.	Porro	Kontr.	Porro	Kontr.	Porro	Kontr.	Porro
Variationskoeff.d. Keimfähigkeit	abs.	27,2	1o,9	12,6	13,6	6,2	1,1	11,6	6,1	5,o	13,1
	rel.	1oo	40	1oo	1o8	1oo	18	1oo	53	1oo	262

Protokoll-Nr.		2o39a/47		2o39b/47		2o4oa/47		2o4ob/47		2o41a/47		2o41b/47	
Pflanze		Salat				Salat				Salat			
Zahl d.Wiederholungen		4	4	5	5	4	4	5	5	4	4	5	5
Behandlung		Kontr.	Porro	Kontr.	Porro	Kontr.	Porro	Kontr.	Porro	Kontr.	Porro	Kontr.	Porro
Variationskoeff.d. Keimfähigkeit	abs.	13,6	8,5	6,1	5,1	24,8	14,7	12,4	7,9	24,1	22,3	3,7	9,2
	rel.	1oo	63	1oo	84	1oo	59	1oo	64	1oo	93	1oo	249

Anhang II/4

Protokollnummer		2o42a/47		2o42b/47	
Pflanze		H i r s e			
Zahl der Wieder- holungen		2	2	4	4
Behandlung		Kontrolle	Porro	Kontrolle	Porro
Variations- koeffizient der Keim- fähigkeit	absolut	25,9	17,2	8,1	6,8
	relativ	1oo	66	1oo	84

Anhang II/5

Protokoll-Nr.	8o7b/47			8o8b/47			8o9b/47		
Pflanze	Winterzwiebel			Zwiebel			Karotten		
Zahl der Wieder-holungen	1o	1o	1o	6	6	6	6	6	6
Behandlung	Kontr.	Porro	viel Porro	Kontr.	Porro	viel Porro	Kontr.	Porro	viel Porro
Keimungszeit abs.	21,4±0,30	21,6±0,24	21,3±0,22	37,6±1,7	40,3±1,7	43,3±1,7	42,3±2,1	38,3±2,1	39,0±2,1
Keimungszeit rel.	1oo±1,4	1o1±1,1	99±1,0	1oo±4,6	1o7±4,6	115±4,6	1oo±5,0	9o,6±5,0	92,4±5,0

Protokoll-Nr.	811 b/47			8lo b/47		
Pflanze	Rettich			Weisskraut		
Zahl der Wieder-holungen	6	6	5	5	5	5
Behandlung	Kontrolle	Porro	viel Porro	Kontrolle	Porro	viel Porro
Keimungszeit abs.	34 ± 2,2	36 ± 2,8	36 ± 2,9	39,2 ± 2,1	39,0 ± 2,4	38,2 ± 2,1
Keimungszeit rel.	1oo±6,3	1o6±8,3	1o6±8,4	1oo± 5,4	99,5±6,1	97,5±5,3

Gleichmässigkeit der Sprosse

Protokoll-Nr.	2031				2029			
Pflanze	Mais				Weizen			
Behandlung	Kontr.	Porro	viel Porro	Gips	Kontr.	Porro	viel Porro	Gips
Variationskoeffizient	22,03±1,70	21,37±3,23	22,92±1,76	24,11±2,44	13,85±2,34	14,98±2,38	12,00±1,41	11,50±1,18
Zufallswahrscheinlichkeit	-	87 %	74 %	51 %	-	76 %	56 %	42 %
Wirkung statistisch gesichert	nein	nein	nein		nein			

Protokoll-Nummer	2030				807 i			808 i		
Pflanze	Gerste				Winterzwiebel			Zwiebel		
Behandlung	Kontr.	Porro	viel Porro	Gips	Kontr.	Porro	viel Porro	Kontr.	Porro	viel Porro
Variationskoeffizient	11,50±1,34	13,48±1,29	19,23±4,40	15,39±1,79	46,4±1,78	46,6±1,04	45,5±1,17	37,1±2,23	36,8±1,13	37,4±3,12
Zufallswahrscheinlichkeit	-	35 %	15 %	13 %	-	92 %	67 %	-	90 %	94 %
Wirkung stat. gesichert	nein	nein	nein		nein			nein		

Anhang IV/1   Porro u.Blattentfaltung und Keimlänge

Protokoll-Nr.	2038			
Pflanze	Kohlrabi Blassblauer Münchner			
Behandlung	Kontr.	Porro	Kontr.	Porro
entfaltete Keimblätter	179	186	133	141
Zufallswahrscheinlichk.	90 %	90 %	85 %	85 %

Protokoll-Nr.	2042	
Pflanze	Hirse	
Behandlung	Kontr.	Porro
Keimlinge über 9 mm	386	431
Zufallswahrscheinlichk.	2 ½ %	

Protokoll-Nr.	2040					
Pflanze	Salat "Krauthäuptl"					
Keimlingsalter	6 Tage		7 Tage		9 Tage	
Behandlung	Kontr.	Porro	Kontr.	Porro	Kontr.	Porro
aufgerichtete Keimlinge	1ol	98	17o	174	19o	2oo
Zufallswahrscheinlichk.	90 %		90 %		85 %	

Anhang IV/2   <u>Porro und Blattzahl</u>

Protokoll-Nr.		810 c/47			811 c/47		
Pflanze		Weisskraut			Rettich		
Behandlung		Kontr.	Porro	viel Porro	Kontr.	Porro	viel Porro
Zahl der Wieder-holung		5	5	5	6	6	6
Pflanzenzahl insgesamt		750	750	750	420	420	420
Mittlere Blattzahl je Pflanze	absolut	$1,94\pm0,07$	$2,16\pm0,16$	$1,93\pm0,02$	$2,51\pm0,12$	$2,57\pm0,054$	$2,55\pm0,05$
	relativ	$100\pm3,4$	$111\pm7,2$	$99,5\pm1,8$	$100\pm4,8$	$102\pm2,1$	$101,5\pm2,7$
Zufallswahrschein-lichkeit			24 %	88 %		65 %	79 %

Anhang IV/3 <u>Porro und Länge der oberirdischen Teile</u>

Protokoll-Nr.	2o29			2o3o		
Pflanze	Weizen			Gerste		
Zahl der Wieder- holungen	4	4	4	4	4	4
Pflanzenzahl insgesamt	6o	6o	6o	6o	6o	6o
Behandlung	Porro	viel Porro	Gips	Porro	viel Porro	Gips
Vergleichsprobe u. ihre Wuchshöhe	Kontr. 22,86±0,44 1oo±1,94	Kontr.	Kontr.	Kontr. 15,88±0,29	Kontr. 1oo±1,83	Kontr.
Wirkung	- 0,5 %	+ 6,7 %	+ 8,4%	+ 5,6%	+ 2,3 %	+ 6 %
Zufallswahrschein- lichkeit	95 %	1,5 %	1 %	5 %	40 %	5 %
Wirkung statist. gesichert	nein	ja	ja	ja	nein	ja

Anhang IV/4 **Porro und Länge der oberirdischen Teile**

Protokoll-Nr.	2031			8o7 k/47		8o8 c/47	
Pflanze	Mais			Winterzwiebel		Zwiebel	
Zahl der Wieder-holungen	4	4	4	1o	1o	6	6
Pflanzenzahl insgesamt	6o	6o	6o	~1500	~1500	~300	~300
Behandlung	Porro	viel Porro	Gips	Porro	viel Porro	Porro	viel Porro
Vergleichsprobe und ihre Wuchshöhe	Kontr. 21,28±0,62	Kontr.	Kontr.	Kontr. 48,44±1,42	Kontr.	Kontr. 65,4±1,84	Kontr.
Wirkung	- 0,5%	- 2,5%	+ 1,2%	- 1,4%	+ 1,5%	- 4,6%	- 3,3%
Zufallswahrschein-lichkeit	>95 %	75 %	90 %	72 %	67 %	22 %	54 %
Wirkung statist. gesichert	nein	nein	nein	nein	nein	nein	nein

Anhang IV/5   Porro und Frischgewicht der oberirdischen Teile

Protokoll-Nr.	2o28			2o29		
Pflanze	Tomaten			Weizen		
Zahl der Wieder-holungen	4	4	4	4	4	4
Pflanzenzahl insgesamt	312	244	26o	377	373	378
Behandlung	Porro	viel Porro	Gips	Porro	viel Porro	Gips
Vergleichsprobe und ihr Frischgewicht	Kontrolle (21o Pfl.) in 4 Wiederholungen 40,77 ± 4,22 mg			Kontrolle (379 Pfl.) in 4 Wiederholungen 0,636 ± 0,0055 g		
Wirkung	± 0	+ 17%	+ 8,5%	+ 28%	+ 4o%	+ 54%
Zufallswahrschein-lichkeit	1oo %	19 %	52 %	27 %	12 %	31 %
Wirkung statistisch gesichert	nein	nein	nein	nein	nein	nein

Anhang IV/6 __Porro und Frischgewicht der oberirdischen Teile__

Protokoll-Nr.	2o27			2o31		
Pflanze	Mais			Mais		
Zahl der Wieder-holungen	4	4	4	4	4	4
Pflanzenzahl ins-gesamt	266	236	242	154	183	177
Behandlung	Porro	viel Porro	Gips	Porro	viel Porro	Gips
Vergleichsprobe und ihr Frischgewicht	Kontrolle (274 Pflanzen in 4 Wiederholungen) 0,288 ± 0,o113 g			Kontrolle (195 Pflanzen in 4 Wiederholungen) 1,41 ± 0,2o1		
Wirkung	+ 8 %	+ 4 %	+ 5 %	+ 2,5 %	- 13,5%	÷ 7 %
Zufallswahrschein-lichkeit	44 %	6o %	3o %	91 %	48 %	7o %
Wirkung statistisch gesichert	nein	nein	nein	nein	nein	nein

Anhang IV/7

Porro und Frischgewicht

Protokoll-Nr.	2o3o			8o7 c	
Pflanze	Gerste			Winterzwiebel	
Zahl der Wieder-holungen	4	4	4	lo	lo
Pflanzenzahl insgesamt	353	377	374	415	1425
Behandlung	Porro	viel Porro	Gips	Porro	viel Porro
Vergleichsprobe und ihr Frischgewicht	Kontrolle (373 Pflanzen in 4 Wiederholungen) 0,404 ± 0,00167 g			Kontrolle (∼14oo Pflanzen) 2,22 ± 0,09 g/Parzelle	
Wirkung	+ 18 %	+ 14 %	+ 21 %	+ 2 %	+ 1 %
Zufallswahrschein-lichkeit	28 %	22 %	34 %	76 %	85 %
Wirkung statistisch gesichert	nein	nein	nein	nein	nein

Für die 5 Porrowirkungen der Versuche 2o27, 2128,2o29, 2o3o ist das Gesamt-χ^2 für lo FG = 6,19 mit einer Zufallswahrscheinlichkeit von 8o %. Lässt man den Versuch 2o28 mit der Wirkung O aus, dann ist der Wert für 8 FG zu rechnen und ergibt 52 % Zufallswahrscheinlichkeit.

Porro und Frischgewicht

Anhang IV/8

Protokoll-Nr.	8o8 d		8o9 c		81o d		811 d	
Pflanze	Zwiebel		Karotten		Weisskraut		Rettich	
Zahl der Wieder- holungen	6	6	6	6	5	5	6	6
Pflanzenzahl insgesamt	287	284	17oo	1669	313	348	878	886
Behandlung	Porro	viel Porro	Porro	viel Porro	Porro	viel Porro	Porro	viel Porro
Vergleichsprobe u.ihr Frischge- wicht	Kontrolle 32o Pflanzen in 6 Wiederholungen 2,83 ± 0,496 g/Parz.		Kontrolle,6 Wieder- holungen mit 1795 Pflanzen 48,5 ± 87 g/Parz.		Kontrolle,5 Wiederho- lungen mit 442 Pflan- zen 47,32 ± 9,38 g/Parz.		Kontrolle,6 Wiederho- lungen mit 951 Pflan- zen 2o6,8 ± 2?,5 g/Parz.	
Wirkung	- 30 %	- 27 %	+ 3 %	+ 15 %	- 2? %	- 13 %	+ 8 %	+ 6 %
Zufallswahrschein- lichkeit	16 %	16 %	85 %	14 %	46 %	63 %	54 %	63 %
Wirkung statist. gesichert	nein	nein	nein	nein	nein	nein	nein	nein

Anhang IV/9

<u>Porro und Trockensubstanz</u>

Protokoll-Nr.	8o7 d		8o8 e		8o9 d		8lo e	
Pflanze	Winterzwiebel		Zwiebel		Karotten		Weisskraut	
Zahl der Wieder-holungen	lo	lo	6	6	6	6	5	5
Pflanzenzahl insgesamt	1415	1425	287	284	17oo	1669	313	348
Behandlung	Porro	viel Porro	Porro	viel Porro	Porro	viel Porro	Porro	viel Porro
Vergleichsprobe u.ihr Trockensub-stanzgehalt	Kontrolle, 14oo Pflanzen in lo Wiederholungen 7,56 $\pm$ 0,29 %		Kontrolle, 32o Pflanzen in 6 Wiederholungen 6,94 $\pm$ 0,17 %		Kontrolle, 1795 Pflanzen in 6 Wiederholungen lo,46 $\pm$ 0,36 %		Kontrolle, 442 Pflanzen in 5 Wiederholungen 6,11 $\pm$ 0,54 i.%	
Wirkung	+ 3 %	- 4 %	- 4 %	+ 3 %	+ 5 %	- 3 %	+ 9 %	+ 17 %
Zufallswahrschein-lichkeit	68 %	53 %	4o %	44 %	39 %	36 %	36 %	29 %
Wirkung statist. gesichert	nein	nein	nein	nein	nein	nein	nein	nein

Anhang IV/1o   <u>Porro und Trockensubstanz</u>

Protokoll-Nr.	811 e	
Pflanze	Rettich	
Zahl der Wieder-holungen	6	6
Pflanzenzahl insgesamt	878	886
Behandlung	Porro	viel Porro
Vergleichsprobe und ihr Trockensubstanz-gehalt	Kontrolle, 6 Wiederholungen mit 951 Pflanzen $5{,}06 \pm 0{,}09\%$	
Wirkung	+ 1 %	- 2 %
Zufallswahrschein-lichkeit	68 %	54 %
Wirkung statistisch gesichert	nein	nein

Anhang V/1

Porro und Ertrag

Protokoll-Nr.	2o24		2o25 a1		2o25 a2	
Pflanze	Winterweizen Stamm 97		Sommerweizen Sorte Probstdorfer-Manitoba		Sommerweizen Sorte Probstdorfer-Manitoba	
Boden	sandiger Lehm		sandiger Lehm		sandiger Lehm	
Vorfrucht	Mais		Mais		Mais	
Düngung	5oo kg Thomasmehl, 300 " K₂0 und 200 " Kalkammonsalpeter		5oo kg Thomasmehl, 3oo " 40%-iges Kali		5oo kg Thomasmehl 3oo " Kali	
Parzellengrösse	25 m^2		6 m^2		6 m^2	
Zahl der Wieder-holungen	6	6	4	4	4	4
Behandlung	Kontr.	Porro	Kontr.	Porro	Kontr.	Porro
Ertrag	loo±2,89	lo6±4,96	loo±11,5	93,5±15,0	loo±lo,3	84±11,7
Wirkung	-	+ 6 %	-	- 6,5 %	-	- 16 %
Zufallswahrschein-lichkeit	-	26 %	-	74 %	-	32 %
Wirkung statistisch gesichert	-	nein	-	nein	-	nein

-216-

	2025 b 1		2025 b 2		2025 c 1		2025 c 2	
Protokoll-Nr.	2025 b 1		2025 b 2		2025 c 1		2025 c 2	
Pflanze	Sommer-Gerste Tscher- maks Kneifel-Vollk.		Sommer-Gerste		Hafer Flämingsgold			
Boden	sandiger Lehm		sandiger Lehm		sandiger Lehm		sandiger Lehm	
Vorfrucht	Mais		Mais		Mais		Mais	
Düngung	500 kg Thomasmehl 300 " K_2O		desgl.		desgl.		desgl.	
Parzellengrösse	6 m^2		6 m^2		6 m^2		6 m^2	
Zahl d.Wiederho- lungen	4	4	4	4	4	4	4	4
Behandlung	Kontr.	Porro	Kontr.	Porro	Kontr.	Porro	Kontr.	Porro
Ertrag	100±6,7	101±6,2	100±19,7%	102±26%	100±5%	96,5±1,3%	100±17,8%	110±17,7%
Wirkung	-	+ 1 %	-	+ 2 %	-	- 3,5%	-	÷ 10 %
Zufallswahrschein- lichkeit	-	89 %	-	93 %	-	51%	-	68 %
Wirkung statist. gesichert		nein		nein		nein		nein

Anhang V/3

Protokoll-Nr.	2oo6				2oo7			
Pflanze	Zuckerrübe				Zuckerrübe			
Boden	Mineralboden				Mineralboden			
Vorfrucht	Gräser				Kartoffel			
Düngung	loo kg Kalkammonsalpeter/ha				loo kg Kalkammonsalpeter/ha			
Parzellengrösse	$lo\ m^2$				$lo\ m^2$			
Zahl d. Wiederholungen	7				9			
Behandlung	Kontr.	Porro	Kontr.	Porro	Kontr.	Porro	Kontr.	Porro
Ertrag	loo $\pm$ 3,8 % (Gew.)	112 $\pm$ 7 % (Gew.)	loo $\pm$ 4 % (Zucker)	lo9 $\pm$ 7 % (Zucker)	loo $\pm$ lo % (Gew.)	123 $\pm$ 15 % (Gew.)	loo $\pm$ 9 % (Zucker)	122 $\pm$ 8 % (Zucker)
Wirkung	+ 12 %		+ 9 %		+ 23 %		+ 22 %	
Zufallswahrscheinlichk.	:6 %		58 %		9 %		16 %	
Wirkung stat. gesichert	nein				nein			

Anhang V/4

Protokoll-Nr.	832	
Pflanze	Karotten	
Boden	Moorboden	
Vorfrucht	Kartoffel	
Düngung	3oo kg Thomasphosphat 6oo " 4o%-iges Kali	
Parzellengrösse	6,3 m^2	
Zahl der Wieder-holungen	16	16
Behandlung	Kontrolle	Porro
Ertrag	loo ± 2,8 %	89,5 ± 2,8 %
Wirkung	-	- lo,5 %
Zufallswahrschein-lichkeit	-	1,7 %
Wirkung statistisch gesichert	-	ja

Anhang VI/1

Porro und Wurzelwachstum

Protokoll-Nr.	8o7 c		8o8 f		8o9 e		81o f	
Pflanze	Winterzwiebel		Zwiebel		Karotten		Weisskraut	
Zahl d. Wieder-holungen	1o	1o	6	6	6	6	5	5
Pflanzenzahl insgesamt	1415	1425	287	284.	17oo	1669	313	348
Behandlung	Porro	viel Porro	Porro	viel Porro	Porro	viel Porro	Porro	viel Porro
Vergleichsprobe und ihre Wurzellänge	Kontrolle (142o Pfl.) 1oo $\pm$ 4 %		Kontrolle (32o Pfl.) 1oo $\pm$ 4,7 %		Kontrolle (1795 Pfl.) 1oo $\pm$ 2,2 %		Kontrolle (442 Pfl.) 1oo $\pm$ 3,8 %	
Wirkung	$\pm$ 0	+ 7 %	- 4 %	- 0,5%	+ 2,8 %	+ 6,1 %	+ 1,3%	+ 3,3 %
Zufallswahrschein-lichkeit	1oo %	42 %	58 %	92 %	34 %	8 %	76 %	52 %
Wirkung statistisch gesichert	nein		nein		nein		nein	

Anhang VI/2

Protokoll-Nr.	811 f		2034
Pflanze	Rettich		Weizen
Wiederholungen	6	6	6
Pflanzen insgesamt	878	886	1200
Behandlung	Porro	viel Porro	Porro
Vergleichsprobe und ihre Wurzellänge	Kontrolle (951 Pfl.) $100 \pm 3{,}8$ %		Kontrolle (1200 Pfl.) 100 %
Wirkung	+ 6,2 %	+ 2,9 %	+ 112 %
Zufallswahrscheinlichkeit	27 %	58 %	extrem klein
Wirkung stat. gesichert	nein		ja

Anhang VI/3

<u>Porro und Wurzelfrischgewicht</u>

Protokoll-Nr.	8o7 f		8o8 g		8o9 f		81o g		811 g	
Pflanze	Winterzwiebel		Zwiebel		Karotten		Weisskraut		Rettich	
Wiederho-lungen	lo	lo	6	6	6	6	5	5	6	6
Pflanzenzahl insgesamt	1415	1425	287	284	1700	1669	313	348	878	886
Behandlung	Porro	viel Porro	Porro	viel Porro	Porro	viel Porro	Porro	viel Porro	Porro	viel Porro
Vergleichs-probe und ihr Wurzel-gewicht	Kontrolle (142o Pflanzen) $100 \pm 6\%$		Kontrolle (32o Pflanzen) $100 \pm 11\%$		Kontrolle (1795 Pflanzen) $100 \pm 13\%$		Kontrolle (442 Pflanzen) $100 \pm 18\%$		Kontrolle (951 Pflanzen) $100 \pm 8\%$	
Wirkung	÷ 1 %	+ 1%	- 24 %	- 26 %	+ lo %	+ 23 %	- 29 %	- 12 %	+ 3 %	- o,5 %
Zufallswahr-scheinlichk.	86 %		16 %	14 %	58 %	18 %	18 %	54 %	77 %	96 %
Wirkung stat. gesichert	nein		nein		nein		nein		nein	

Anhang VI/4

Porro und Wurzeltrockengewicht

Protokoll-Nr.	807 g		808 h		809 g		810 h		811 g	
Pflanze	Winterzwiebel		Zwiebel		Karotten		Weisskraut		Rettich	
Wiederholungen	1o	1o	6	6	6	6	5	5	6	6
Pflanzenzahl insgesamt	1415	1425	287	284	1700	1669	313	348	878	886
Behandlung	Porro	viel Porro	Porro	viel Porro	Porro	viel Porro	Porro	viel Porro	Porro	viel Porro
Vergleichsprobe und ihr Wurzelgewicht	Kontrolle (142o Pflanzen) 1oo ± 5 %		Kontrolle (32o Pflanzen) 1oo ± 2,8 %		Kontrolle (1795 Pflanzen) 1oo ± 1,3 %		Kontrolle (442 Pflanzen) 1oo ± 1,7 %		Kontrolle (951 Pflanzen) 1oo ± o,35 %	
Wirkung	+ 4,2%	- 1 %	- 1,7 %	+ 11 %	- 6,7 %	- o,3 %	÷ 8,5 %	÷ 8,5%	- 3,3 %	- 2,8 %
Zufallswahrscheinlichk.	76 %	96 %	67 %	1,6 %	5,5 %	63 %	68 %	48%	sehr klein	o,02 %
Wirkung stat. gesichert	nein		nein	ja	vielleicht	nein	nein		ja	ja